Web 前端技术丛书

Vue.js 3.x

从入门到精通（视频教学版）

李小威 著

清华大学出版社
北京

内容简介

本书通过应用示例和综合案例的讲解与演练，使读者快速掌握Vue.js 3.x编程知识，提高使用Vue.js开发网站和移动App的实战能力。本书配套示例源码、PPT课件、同步教学视频、教学大纲与执行进度表、习题与答案、其他超值教学资源。

本书共18章，内容包括快速进入Vue.js的世界、搭建开发与调试环境、熟悉ECMAScript 6的语法、熟悉Vue.js的语法、指令、计算属性、精通监听器、事件处理、class与style绑定、表单输入绑定、组件和组合API、过渡和动画效果、精通Vue CLI和Vite、使用Vue Router开发单页面应用、数据请求库——Axios、状态管理——Vuex、网上购物商城开发实战和电影购票App开发实战等。

本书内容丰富、理论结合实践，可以作为工具书和参考手册，适合Web前端开发初学者、网站与移动App设计和开发人员，也适合作为高等院校、中职学校和培训机构计算机相关专业的师生教学参考。

图书在版编目（CIP）数据

Vue.js 3.x 从入门到精通：视频教学版/李小威著. —北京：清华大学出版社，2023.2（2024.8重印）

（Web 前端技术丛书）

ISBN 978-7-302-62741-8

Ⅰ. ①V… Ⅱ. ①李… Ⅲ. ①网页制作工具－程序设计 Ⅳ. ①TP393.092.2

中国国家版本馆 CIP 数据核字（2023）第 027207 号

责任编辑：夏毓彦
封面设计：王　翔
责任校对：闫秀华
责任印制：沈　露

出版发行：清华大学出版社
　　　网　　址：https://www.tup.com.cn，https://www.wqxuetang.com
　　　地　　址：北京清华大学学研大厦 A 座　　　邮　编：100084
　　　社 总 机：010-83470000　　　邮　购：010-62786544
　　　投稿与读者服务：010-62776969，c-service@tup.tsinghua.edu.cn
　　　质量反馈：010-62772015，zhiliang@tup.tsinghua.edu.cn
印 装 者：三河市龙大印装有限公司
经　　销：全国新华书店
开　　本：190mm×260mm　　　印　张：20　　　字　数：540 千字
版　　次：2023 年 3 月第 1 版　　　印　次：2024 年 8 月第 4 次印刷
定　　价：79.00 元

产品编号：082585-02

前　言

Vue.js是一套构建用户界面的渐进式框架，采用自底向上增量开发的设计。Vue.js的核心库只关注视图层，并且非常容易学习，与其他库或已有项目整合也非常方便，因此Vue.js能够在很大程度上降低Web前端开发的难度，深受广大Web前端开发人员的喜爱。

本书内容

第1章是快速进入Vue.js的世界，内容包括前端开发技术的发展、MV*模式、Vue.js概述、Vue.js的发展历程、Vue.js 3.x的新变化。

第2章介绍搭建开发与调试环境，内容包括安装Vue.js、安装WebStorm、安装vue-devtools、第一个Vue.js程序。

第3章介绍ECMAScript 6的语法，内容包括ECMAScript 6、块作用域构造let和const、模板字面量、默认参数和rest参数、解构赋值、展开运算符、增强的对象文本、箭头函数、Promise实现、Classes、Module。

第4章介绍Vue.js的语法，内容包括创建应用程序实例、插值、方法选项、生命周期钩子函数、指令、缩写、取消构造函数。

第5章介绍指令，内容包括内置指令、自定义指令、通过指令实现下拉菜单效果。

第6章介绍计算属性，内容包括使用计算属性、计算属性的getter和setter方法、计算属性的缓存、计算属性代替v-for和v-if、使用计算属性设计购物车效果。

第7章是精通监听器，内容包括使用监听器、监听方法、监听对象、使用监听器设计购物车效果。

第8章介绍事件处理，内容包括监听事件、事件处理方法、事件修饰符、按键修饰符、系统修饰键、处理用户注册信息。

第9章介绍class与style绑定，内容包括绑定HTML样式（class）、绑定内联样式（style）、设计隔行变色的商品表。

第10章介绍表单输入绑定，内容包括实现双向数据绑定、单行文本输入框、多行文本输入框、复选框、单选按钮、选择框、值绑定、修饰符、设计用户注册页面。

第11章介绍组件和组合API，内容包括组件是什么、组件的注册、使用prop向子组件传递数据、子组件向父组件传递数据、插槽、组合API、setup()函数、响应式API、访问组件的方式、使用组件创建树状项目分类。

第12章介绍设计过渡和动画效果，内容包括单元素/组件的过渡、初始渲染的过渡、多个元素的过渡、列表过渡、商品编号增加器、设计下拉菜单的过渡动画。

第13章介绍Vue CLI和Vite，内容包括脚手架的组件、脚手架环境搭建、安装脚手架、创建项目、分析项目结构、配置Scss、配置Less和Stuly、配置文件gackage.json、构建工具Vite。

第14章介绍使用Vue Router开发单页面应用，内容包括使用Vue Router、命名路由、命名视图、路由传参、编程式导航、组件与Vue Router间解耦。

第15章介绍Axios，内容包括什么是Axios、安装Axios、Axios的基本用法、Axios API、请求配置、创建实例、配置默认选项、拦截器、显示近7日的天气情况实例。

第16章介绍Vuex，内容包括什么是Vuex、安装Vuex、在项目中使用Vuex。

第17章介绍开发网上购物商城的项目实训。

第18章介绍开发电影购票App的项目实训。

本书特色

（1）知识全面：涵盖所有Vue.js 3.x的知识点，知识由浅入深，便于读者循序渐进地掌握移动网站和App开发技术。

（2）注重操作，图文并茂：在介绍案例的过程中，每一个操作均有对应的插图。这种图文结合的方式，使读者在学习过程中能够直观、清晰地看到操作的过程及效果，便于更快地理解和掌握相关知识点。

（3）易学易用：颠覆传统"看"书的观念，把书变成一本能"操作"的图书。

（4）示例丰富：把知识点融汇于众多的示例中，并且结合实战案例进行讲解和拓展，从而达到"知其然，并知其所以然"的目的。

（5）贴心周到：对读者在学习过程中可能会遇到的疑难问题以"提示"的形式进行说明，避免读者在学习过程中走弯路。

（6）资源丰富：本书提供所有示例的源代码、课件和教学视频，方便读者快速掌握网站前端开发的技能，使本书真正体现"自学无忧"，成为一本物超所值的好书。

（7）技术支持：读者可关注本书的技术支持公众号，向作者索要源代码、教学幻灯片和精品教学视频。在学习过程中遇到问题，也可以通过公众号请作者指点。

超值教学资源下载与技术支持

示例源码、PPT课件、同步教学视频、教学大纲与执行进度表、习题与答案、就业面试题、开发技巧与常见错误等教学资源，请用微信扫描以下二维码下载，也可按页面提示把下载链接转发到自己的邮箱下载。如果学习本书的过程中发现问题，请联系booksaga@163.com，邮件主题写"Vue.js 3.x从入门到精通（视频教学版）"。作者微信技术支持信息请查阅下载文档中的相关文件获取。

读者对象

本书是一本完整介绍Vue.js前端开发技术的教程，内容丰富，条理清晰，实用性强，适合以下读者学习使用：

- 没有任何 Vue.js 前端开发基础的初学者。
- 希望快速、全面掌握 Vue.js 框架的开发人员。
- 高等院校、中职学校及培训机构的学生。

鸣谢

本书由李小威创作，参与编写的还有王英英、张工厂、刘增杰、胡同夫、刘玉萍、刘玉红。本书的编写虽然倾注了编者的努力，但由于水平有限、时间仓促，书中难免有疏漏之处，欢迎读者批评指正。如果遇到问题或有好的建议，敬请与我们联系，我们将全力提供帮助。

编　者
2023年1月

目　　录

第 1 章　快速进入 Vue.js 的世界 ·· 1

1.1　前端开发技术的发展 ··· 1

1.2　MV*模式 ··· 2

　　1.2.1　MVC 模式 ··· 2

　　1.2.2　MVVM 模式 ··· 2

1.3　Vue.js 概述 ·· 3

1.4　Vue.js 的发展历程 ·· 4

1.5　Vue.js 3.x 的新变化 ·· 5

1.6　疑难解惑 ··· 6

第 2 章　搭建开发与调试环境 ·· 8

2.1　安装 Vue.js ··· 8

　　2.1.1　使用 CDN 方式 ·· 8

　　2.1.2　NPM ·· 9

　　2.1.3　命令行工具（CLI） ··· 9

　　2.1.4　使用 Vite 方式 ··· 10

2.2　安装 WebStorm ·· 10

2.3　安装 vue-devtools ··· 14

2.4　第一个 Vue.js 程序 ·· 16

2.5　疑难解惑 ··· 19

第 3 章　熟悉 ECMAScript 6 的语法 ·· 20

3.1　ECMAScript 6 介绍 ··· 20

　　3.1.1　ES 6 的前世今生 ··· 20

　　3.1.2　为什么要使用 ES 6 ·· 21

3.2　块作用域构造 let 和 const ··· 21

3.3　模板字面量 ·· 23

　　3.3.1　多行字符串 ·· 23

　　3.3.2　字符串占位符 ··· 24

3.4　默认参数和 rest 参数 ··· 24

3.5　解构赋值 ··· 25

3.6　展开运算符 ·· 27

3.7　增强的对象文本 ·· 28

3.8　箭头函数 ··· 30

3.9　Promise 实现 ··· 31

3.10　Classes（类） ·· 32

3.11　Modules（模块） ·· 33

3.12　疑难解惑 ·· 33

第4章 熟悉 Vue.js 的语法 ··· 35

4.1 创建应用程序实例 ··· 35

4.2 插值 ··· 36

4.3 方法选项 ··· 39

    4.3.1 使用方法 ··· 39

    4.3.2 传递参数 ··· 41

    4.3.3 方法之间的调用 ··· 42

4.4 指令 ··· 43

4.5 缩写 ··· 45

4.6 Vue.js 3.x 的新变化——取消构造函数 ··· 46

4.7 综合案例——通过插值语法实现姓名组合 ··· 46

4.8 疑难解惑 ··· 47

第5章 指令 ··· 48

5.1 内置指令 ··· 48

    5.1.1 v-show ··· 48

    5.1.2 v-if/v-else-if/v-else ··· 49

    5.1.3 v-for ··· 51

    5.1.4 v-bind ··· 63

    5.1.5 v-model ··· 64

    5.1.6 v-on ··· 65

    5.1.7 v-text ··· 66

    5.1.8 v-html ··· 67

    5.1.9 v-once ··· 68

    5.1.10 v-pre ··· 69

    5.1.11 v-cloak ··· 69

5.2 自定义指令 ··· 70

    5.2.1 注册自定义指令 ··· 70

    5.2.2 钩子函数 ··· 71

    5.2.3 动态指令参数 ··· 73

5.3 综合案例——通过指令实现下拉菜单效果 ··· 74

5.4 疑难解惑 ··· 76

第6章 计算属性 ··· 77

6.1 使用计算属性 ··· 77

6.2 计算属性的 getter 和 setter 方法 ··· 78

6.3 计算属性的缓存 ··· 80

6.4 使用计算属性代替 v-for 和 v-if ··· 82

6.5 综合案例——使用计算属性设计购物车效果 ··· 84

6.6 疑难解惑 ··· 87

第7章 精通监听器 ··· 88

7.1 使用监听器 ··· 88

7.2 监听方法 ··· 89

7.3　监听对象 ··· 90

7.4　综合案例——使用监听器设计购物车效果 ·· 93

7.5　疑难解惑 ··· 95

第 8 章　事件处理 ··· 96

8.1　监听事件 ··· 96

8.2　事件处理方法 ·· 97

8.3　事件修饰符 ··· 100

8.3.1　stop ··· 100

8.3.2　capture ··· 102

8.3.3　self ··· 104

8.3.4　once ·· 106

8.3.5　prevent ·· 106

8.3.6　passive ·· 107

8.4　按键修饰符 ··· 108

8.5　系统修饰键 ··· 110

8.6　综合案例——处理用户注册信息 ·· 111

8.7　疑难解惑 ··· 113

第 9 章　class 与 style 绑定 ·· 114

9.1　绑定 HTML 样式（class） ·· 114

9.1.1　数组语法 ··· 114

9.1.2　对象语法 ··· 116

9.1.3　在组件上使用 class 属性 ·· 120

9.2　绑定内联样式（style） ·· 120

9.2.1　对象语法 ··· 120

9.2.2　数组语法 ··· 123

9.3　综合案例——设计隔行变色的商品表 ·· 124

9.4　疑难解惑 ··· 126

第 10 章　表单输入绑定 ·· 127

10.1　实现双向数据绑定 ·· 127

10.2　单行文本输入框 ·· 127

10.3　多行文本输入框 ·· 128

10.4　复选框 ·· 129

10.5　单选按钮 ··· 131

10.6　选择框 ·· 132

10.7　值绑定 ·· 134

10.7.1　复选框 ··· 135

10.7.2　单选框 ··· 135

10.7.3　选择框的选项 ··· 136

10.8　修饰符 ·· 137

10.8.1　lazy ·· 137

10.8.2　number ·· 138

10.8.3　trim ·· 139

10.9 综合案例——设计用户注册页面 ···139
10.10 疑难解惑 ···141

第 11 章 组件和组合 API ···143
11.1 组件是什么 ···143
11.2 组件的注册 ···143
　11.2.1 全局注册 ···144
　11.2.2 局部注册 ···145
11.3 使用 prop 向子组件传递数据 ···145
　11.3.1 prop 的基本用法 ···146
　11.3.2 单向数据流 ···149
　11.3.3 prop 验证 ···150
　11.3.4 非 prop 的属性 ···151
11.4 子组件向父组件传递数据 ···153
　11.4.1 监听子组件事件 ···153
　11.4.2 将原生事件绑定到组件 ···155
　11.4.3 .sync 修饰符 ···156
11.5 插槽 ···158
　11.5.1 插槽的基本用法 ···158
　11.5.2 编译作用域 ···158
　11.5.3 默认内容 ···159
　11.5.4 命名插槽 ···160
　11.5.5 作用域插槽 ···162
　11.5.6 解构插槽 prop ···164
11.6 Vue.js 3.x 的新变化 1——组合 API ···165
11.7 setup()函数 ···166
11.8 响应式 API ···167
　11.8.1 reactive()方法和 watchEffect()方法 ···167
　11.8.2 ref()方法 ···168
　11.8.3 readonly()方法 ···169
　11.8.4 computed()方法 ···170
　11.8.5 watch()方法 ···170
11.9 Vue.js 3.x 的新变化 2——访问组件的方式 ···171
11.10 综合案例——使用组件创建树状项目分类 ···172
11.11 疑难解惑 ···173

第 12 章 过渡和动画效果 ···174
12.1 单元素/组件的过渡 ···174
　12.1.1 CSS 过渡 ···174
　12.1.2 过渡的类名 ···176
　12.1.3 CSS 动画 ···179
　12.1.4 自定义过渡的类名 ···180
　12.1.5 动画的 JavaScript 钩子函数 ···181
12.2 初始渲染的过渡 ···184

12.3　多个元素的过渡 ··186

12.4　列表过渡 ··187

　　　12.4.1　列表的进入/离开过渡 ···187

　　　12.4.2　列表的排序过渡 ···188

　　　12.4.3　列表的交错过渡 ···190

12.5　综合案例 1——商品编号增加器 ···191

12.6　综合案例 2——设计下拉菜单的过渡动画 ·····························193

12.7　疑难解惑 ··195

第 13 章　精通 Vue CLI 和 Vite ···196

13.1　脚手架的组件 ··196

13.2　脚手架环境搭建 ···197

13.3　安装脚手架 ···199

13.4　创建项目 ··200

　　　13.4.1　使用命令 ···200

　　　13.4.2　使用图形化界面 ···202

13.5　分析项目结构 ··205

13.6　配置 Scss、Less 和 Stylus ···207

13.7　配置文件 package.json ··209

13.8　Vue.js 3.x 新增的开发构建工具——Vite ······························210

13.9　疑难解惑 ··212

第 14 章　使用 Vue Router 开发单页面应用 ·······························213

14.1　使用 Vue Router ···213

　　　14.1.1　在 HTML 页面使用路由 ···213

　　　14.1.2　在项目中使用路由 ···218

14.2　命名路由 ··219

14.3　命名视图 ··221

14.4　路由传参 ··225

14.5　编程式导航 ···229

14.6　组件与 Vue Router 间解耦 ··233

　　　14.6.1　布尔模式 ···233

　　　14.6.2　对象模式 ···236

　　　14.6.3　函数模式 ···239

14.7　疑难解惑 ··242

第 15 章　数据请求库——Axios ···243

15.1　什么是 Axios ··243

15.2　安装 Axios ···244

15.3　基本用法 ··244

　　　15.3.1　Axios 的 get 请求和 post 请求 ·································244

　　　15.3.2　请求同域下的 JSON 数据 ·······································246

　　　15.3.3　跨域请求数据 ···248

　　　15.3.4　并发请求 ···250

15.4　Axios API ··250

15.5 请求配置 ··251
15.6 创建实例 ··253
15.7 配置默认选项 ··253
15.8 拦截器 ··254
15.9 Vue.js 3.x 的新变化——替代 Vue.prototype ···········254
15.10 综合案例——显示近 7 天的天气情况 ·················255
15.11 疑难解惑 ···257

第 16 章 状态管理——Vuex ·································258
16.1 什么是 Vuex ···258
16.2 安装 Vuex ···259
16.3 在项目中使用 Vuex ·····································260
16.3.1 搭建一个项目 ·····································260
16.3.2 state 对象 ··261
16.3.3 getter 对象 ·······································262
16.3.4 mutation 对象 ·····································264
16.3.5 action 对象 ·······································265
16.4 综合案例——使用 Vuex 开发商城购物车功能 ··········268
16.5 疑难解惑 ···274

第 17 章 网上购物商城开发实战 ····························275
17.1 系统功能结构 ··275
17.2 系统结构分析 ··276
17.3 系统运行效果 ··276
17.4 系统功能模块设计与实现 ······························277
17.4.1 首页模块 ···277
17.4.2 首页信息展示模块 ·································278
17.4.3 用户登录模块 ·····································281
17.4.4 商品模块 ···283
17.4.5 购买模块 ···288
17.4.6 支付模块 ···289

第 18 章 电影购票 App 开发实战 ···························292
18.1 脚手架项目的搭建 ······································292
18.2 系统结构 ···292
18.3 系统运行效果 ··293
18.4 设计项目组件 ··294
18.4.1 设计头部和底部导航组件 ···························294
18.4.2 设计电影页面组件 ·································295
18.4.3 设计影院页面组件 ·································302
18.4.4 设计我的页面组件 ·································304
18.5 设计项目页面组件及路由配置 ··························305
18.5.1 电影页面组件及路由 ·······························305
18.5.2 影院页面组件及路由 ·······························307
18.5.3 我的页面组件及路由 ·······························307

第 1 章

快速进入 Vue.js 的世界

在 Web 前端开发技术的发展过程中，网页变得更加动态化，例如轮播图、图片无缝滚动等效果，这都是借助了 JavaScript 的能力。现在的 Web 开发者已经把很多传统的服务端代码放到了浏览器中，这样就产生了成千上万行的 JavaScript 代码，它们连接了许多 HTML 和 CSS 文件，但由于缺乏正规的组织形式，因此网站变得越发臃肿。Vue.js 框架的出现正是为了解决这个问题。本章将重点学习 MV*模式、Vue.js 概述和 Vue.js 3.x 的新变化。

1.1　前端开发技术的发展

Vue.js 是基于 JavaScript 的一套 MVVC 前端框架。在介绍 Vue.js 之前，先来了解一下 Web 前端技术的发展过程。

Web 刚起步阶段，只有可怜的 HTML，浏览器请求某个 URL 时，Web 服务器就把对应的 HTML 文件返回给浏览器，浏览器做解析后展示给用户。随着时间的推移，为了能给不同用户展示不同的页面信息，慢慢发展出了基于服务器的可动态生成 HTML 的语言，例如 ASP、PHP、JSP 等。

但是，当浏览器接收到一个 HTML 后，如果要更新页面的内容，就只能重新向服务器请求获取一份新的 HTML 文件，即刷新页面。在 2G 的流量年代，这种体验很容易让人崩溃，而且还浪费流量。

1995 年，Web 进入 JavaScript 阶段，在浏览器中引入了 JavaScript。JavaScript 是一种脚本语言，浏览器中带有 JavaScript 引擎，用于解析并执行 JavaScript 代码，然后就可以在客户端操作 HTML 页面中的 DOM，这样就解决了不刷新页面的情况，动态地改变用户 HTML 页面的内容。再后来发现编写原生的 JavaScript 代码太烦琐了，还需要记住各种晦涩难懂的 API，最重要的是还需要考虑各种浏览器的兼容性，因此出现了 jQuery，并很快占领了 JavaScript 世界，几乎成为前端开发的标配。

直到 HTML5 的出现，前端能够实现的交互功能越来越多，代码也越来越复杂，从而出现了各种 MV*框架，使得网站开发进入 SPA（Single Page Application，单页应用程序）时代。SPA 是指只有一个 Web 页面的应用。单页应用程序是加载单个 HTML 页面，并在用户与程序交互时动态更新该页面的 Web 应用程序。浏览器一开始会加载必需的 HTML、CSS 和 JavaScript，所有的操作都在这个页面上完成，由 JavaScript 来控制交互和页面的局部刷新。

2015 年 6 月，ECMAScript 6 发布，其正式名称为 ECMAScript 2015。该版本增加了很多新的语法，从而拓展了 JavaScript 的开发潜力。在 Vue.js 项目开发中经常会用 ECMAScript 6 语法。

1.2 MV*模式

MVC 是 Web 开发中应用非常广泛的一种架构模式，之后又演变成了 MVVM 模式。

1.2.1 MVC 模式

随着 JavaScript 的发展，渐渐显现出各种不和谐：组织代码混乱，业务与操作 DOM 杂合，所以引入了 MVC 模式。

在 MVC 模式中，M 指模型（Model），是后端传递的数据；V 指视图（View），是用户所看到的页面；C 指控制器（Controller），是页面业务逻辑。MVC 模式示意图如图 1-1 所示。

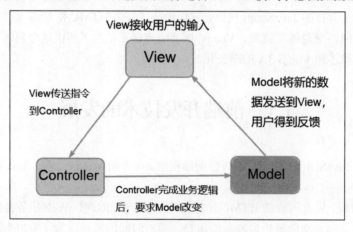

图 1-1 MVC 模式示意图

使用 MVC 模式的目的是将 Model 和 View 的代码分离，实现 Web 应用系统的职能分工。MVC 模式是单向通信的，也就是 View 和 Model 需要通过 Controller 来承上启下。

1.2.2 MVVM 模式

随着网站前端开发技术的发展，又出现了 MVVM 模式。不少前段框架采用了 MVVM 模式，例如当前比较流行的 Angular 和 Vue.js。

MVVM 是 Model-View-ViewModel 的简写。其中 MV 和 MVC 模式中的意思一样，VM 指 ViewModel，是视图模型。

MVVM 模式示意图如图 1-2 所示。

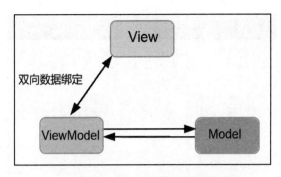

图 1-2　MVVM 模式示意图

ViewModel 是 MVVM 模式的核心，是连接 View 和 Model 的桥梁。它有两个方向：

（1）将模型转化成视图，将后端传递的数据转化成用户所看到的页面。

（2）将视图转化成模型，即将所看到的页面转化成后端的数据。

在 Vue.js 框架中，这两个方向都实现了，就是 Vue.js 中数据的双向绑定。

1.3　Vue.js 概述

　　Vue.js 是一套构建前端的 MVVM 框架，它集合了众多优秀主流框架设计的思想，轻量、数据驱动（默认单向数据绑定，但也支持双向数据绑定）、学习成本低，且可与 Webpack/Gulp 构建工具结合，以实现 Web 组件化开发、构建和部署等。

　　Vue.js 本身就拥有一套较为成熟的生态系统：Vue+vue-router+Vuex+Webpack+Sass/Less，不仅可以满足小的前端项目开发，也能完全胜任大型的前端应用开发，包括单页面应用和多页面应用等。Vue.js 可实现前端页面和后端业务分离、快速开发、单元测试、构建优化、部署等。

　　提到前端框架，当下比较流行的有 Vue.js、React.js 和 Angular.js。Vue.js 以容易上手的 API、不俗的性能、渐进式的特性和活跃的社区从中脱颖而出。截至目前，Vue.js 在 GitHub 上的 star 数已经超过了其他两个框架，成为最热门的框架。

　　Vue.js 的核心库只关注视图层，不仅易于上手，还便于与第三方库或既有项目整合。另一方面，当与现代化的工具链以及各种支持类库结合使用时，Vue.js 完全能够为复杂的单页应用提供驱动。

　　Vue.js 的目标就是通过尽可能简单的 API 实现响应、数据绑定和组合的视图组件，核心是一个响应的数据绑定系统。Vue.js 被定义成一个用来开发 Web 界面的前端框架，是一个非常轻量级的工具。使用 Vue.js 可以让 Web 开发变得简单，同时也颠覆了传统前端开发的模式。

　　Vue.js 是渐进式的 JavaScript 框架，如果已经有一个现成的服务端应用，可以将 Vue.js 作为该应用的一部分嵌入其中，带来更加丰富的交互体验。或者，如果希望将更多的业务逻辑放到前端来实现，那么 Vue.js 的核心库及其生态系统也可以满足用户的各种需求。

　　和其他前端框架一样，Vue.js 允许将一个网页分割成可复用的组件，每个组件都包含属于自己的 HTML、CSS 和 JavaScript，如图 1-3 所示，以用来渲染网页中相应的地方。

　　这种把网页分割成可复用组件的方式就是框架"组件化"的思想。

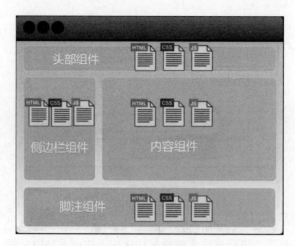

图 1-3 组件化

Vue.js 组件化的理念和 React 异曲同工——一切皆组件。Vue.js 可以将任意封装好的代码注册成组件，例如 Vue.component('example',Example)，可以在模板中以标签的形式调用。

Example 是一个对象，组件的参数配置经常使用到的是 template，它是组件将要渲染的 HTML 内容。

例如，example 组件的调用方式如下：

```
<body>
<h1>我是主页</h1>
<!-- 在模板中调用 example 组件 -->s
<example></example>
<p>欢迎访问我们的网站</p>
</body>
```

如果组件设计合理，在很大程度上可以减少重复开发，而且配合 Vue.js 的单文件组件（vue-loader），可以将一个组件的 CSS、HTML 和 JavaScript 都写在一个文件里，做到模块化的开发。此外，Vue.js 也可以与 vue-router 和 vue-resource 插件配合起来，以支持路由和异步请求，这样就满足了开发 SPA 的基本条件。

在 Vue.js 中，单文件组件是指一个后缀名为.vue 的文件，它可以由各种各样的组件组成，大至一个页面组件，小至一个按钮组件。在后面的章节将详细介绍单文件组件的实现。

1.4 Vue.js 的发展历程

Vue.js 正式发布于 2014 年 2 月，包含 70 多位开发人员的贡献。从脚手架、构建、组件化、插件化，到编辑器工具、浏览器插件等，基本涵盖了从开发到测试等多个环节。

Vue.js 的发展过程如下：

2013 年 12 月 24 日，发布 0.7.0 版本。

2014 年 1 月 27 日，发布 0.8.0 版本。

2014 年 2 月 25 日，发布 0.9.0 版本。

2014 年 3 月 24 日，发布 0.10.0 版本。

2015 年 10 月 27 日，正式发布 1.0.0 版本。

2016 年 4 月 27 日，发布 2.0 的 Preview 版本。

2017 年第一个发布的 Vue.js 版本为 v2.1.9，最后一个发布的 Vue.js 版本为 v2.5.13。

2019 年发布 Vue.js 的 2.6.10 版本，也是比较稳定的版本。

2020 年 09 月 18 日，Vue.js 3.x 正式发布。

1.5　Vue.js 3.x 的新变化

Vue.js 3.x 并没有延用 Vue.js 2.x 版本的代码，而是从头重写了整个框架，代码采用 TypeScript 进行编写，新版本的 API 全部采用普通函数，在编写代码时可以享受完整的性能推断。

与 Vue.js 2.x 版本相比，Vue.js 3.x 具有以下新变化。

1. 重构响应式系统

Vue.js 2.x 利用 Object.defineProperty()方法侦查对象的属性变化，该方法有一定的缺点：

（1）性能较差。

（2）在对象上新增属性是无法被侦测的。

（3）改变数组的 length 属性是无法被侦测的。

Vue.js 3.x 重构了响应式系统，使用 Proxy 替换 Object.defineProperty。Proxy 被称为代理，它的 Proxy 优势如下：

（1）性能更优异。

（2）可直接监听数组类型的数据变化。

（3）监听的目标为对象本身，不需要像 Object.defineProperty 一样遍历每个属性，有一定的性能提升。

（4）Proxy 可拦截 apply、ownKeys、has 等 13 种方法，而 Object.defineProperty 不行。

2. 更好的性能

Vue.js 3.x 重写了虚拟 DOM 的实现，并优化了编译模板，提升了组件的初始化速度，更新的性能提升了 1.3~2 倍，服务器端渲染速度提升了 2~3 倍。

3. tree-shaking 支持

Vue.js 3.x 只打包真正需要的模块，删除了无用的模块，从而减小了产品发布版本的大小。而在 Vue.js 2.x 中，很多用不到的模块也会被打包进来。

4. 组合 API

Vue.js 3.x 中引入了基于函数的组合 API。在引入新的 API 之前，Vue 还有其他替代方案，它们提供了诸如 Mixin、HOC（高阶组件）、作用域插槽之类的组件之间的可复用性，但是所有方法都有自身的缺点，因此它们未被广泛使用。

（1）一旦应用程序包含一定数量的 Mixins，就很难维护。开发人员需要访问每个 Mixin，以查看数据来自哪个 Mixin。

（2）HOC 模式不适用于.vue 单文件组件，因此在 Vue 开发人员中不被广泛推荐或使用。

（3）作用域插槽的内容会封装到组件中，但是开发人员最终拥有许多不可复用的内容，并在组件模板中放置了越来越多的插槽，导致数据来源不明确。

组合 API 的优势如下：

（1）由于 API 是基于函数的，因此可以有效地组织和编写可重用的代码。

（2）将共享逻辑分离为功能来提高代码的可读性。

（3）可以实现代码分离。

（4）在 Vue 应用程序中更好地使用 TypeScript。

5. Teleport（传送）

Teleport 是一种能够将模板移动到 DOM 中 Vue 应用程序之外的其他位置的技术。像 modals 和 toast 等元素，如果嵌套在 Vue 的某个组件内部，那么处理嵌套组件的定位、z-index 样式就会变得很困难。很多情况下，需要将它与 Vue 应用的 DOM 完全剥离，这样管理起来会容易很多，此时就需要用到 Teleport。

6. Fragment（碎片化节点）

在 Vue 2.x 中，每个组件必须有一个唯一的根节点，所以，写每个组件模板时都要套一个父元素。在 Vue 3.x 中，新增了标签元素<Fragment></Fragment>，从而不再限于模板中的单个根节点，组件可以拥有多个节点。这样做可以减少标签层级，减小内存占用。

7. 更好的 TypeScript 支持

Vue.js 3.x 是用 TypeScript 编写的库，可以享受自动的类型定义提示。JavaScript 和 TypeScript 中的 API 相同，从而无须担心兼容性问题。结合使用支持 Vue.js 3.x 的 TypeScript 插件，开发更加高效，还可以拥有类型检查、自动补全等功能。

1.6　疑 难 解 惑

疑问 1：前端开发的技术体系是什么？

目前的前端技术已经形成了一个大的技术体系。

（1）以 GitHub 为代表的代码管理仓库。

（2）以 NPM 和 Yarn 为代表的包管理工具。

（3）ECMAScript 6、TypeScript 及 Babel 构成的脚本体系。

（4）HTML5、CSS 3 及其相应的处理技术。

（5）以 React、Vue、Angular 为代表的前端框架。

疑问 2：在 Vue.js 中怎么理解 MVVM？

MVVM 是 Model-View-ViewModel 的缩写。Model 代表数据模型，也可以在 Model 中定义数据修改和操作的业务逻辑。View 代表 UI 组件，它负责将数据模型转化成 UI 展现出来。

ViewModel 监听模型数据的改变和控制视图行为、处理用户交互，简单理解就是一个同步 View 和 Model 的对象，连接 Model 和 View。

在 MVVM 架构下，View 和 Model 之间并没有直接的联系，而是通过 ViewModel 进行交互，Model 和 ViewModel 之间的交互是双向的，因此 View 数据的变化会同步到 Model 中，而 Model 数据的变化也会立即反映到 View 上。

ViewModel 通过双向数据绑定把 View 层和 Model 层连接起来，而 View 和 Model 之间的同步工作完全是自动的，无须人为干涉，因此开发者只需关注业务逻辑，不需要手动操作 DOM，不需要关注数据状态的同步问题，复杂的数据状态维护完全由 MVVM 来统一管理。

第2章

搭建开发与调试环境

在开发 Vue 前端页面之前，首先需要搭建开发和调试环境，主要包括安装 Vue.js 的方法、安装开发工具 WebStorm、安装调试工具 vue-devtools，最后通过一个 Vue.js 程序检验开发和调试环境是否搭建成功。

2.1 安装 Vue.js

Vue.js 的安装有 4 种方式：

（1）使用 CDN 方式。
（2）使用 NPM 方式。
（3）使用命令行工具（Vue CLI）方式。
（4）使用 Vite 方式。

2.1.1 使用 CDN 方式

CDN（Content Delivery Network，内容分发网络）是构建在现有网络基础之上的智能虚拟网络，依靠部署在各地的边缘服务器，通过中心平台的负载均衡、内容分发、调度等功能模块，使用户就近获取所需的内容，降低网络堵塞，提高用户访问响应速度和命中率。CDN 的关键技术主要有内容存储和分发技术。

使用 CDN 方式来安装 Vue 框架，就是选择一个提供稳定 Vue.js 链接的 CDN 服务商。选择 CDN 后，在页面中引入 Vue 的代码如下：

```
<script src="https://unpkg.com/vue@next"></script>
```

2.1.2 NPM

NPM 是一个 Node.js 包管理和分发工具，也是整个 Node.js 社区最流行、支持第三方模块最多的包管理器。在安装 Node.js 环境时，安装包中包含 NPM，如果安装了 Node.js，则不需要再安装 NPM。

用 Vue 构建大型应用时，推荐使用 NPM 安装。NPM 能很好地和诸如 Webpack 或 Browserify 模块打包器配合使用。

使用 NPM 安装 Vue.js 3.x：

```
# 最新稳定版
$ npm install vue@next
```

由于国内访问国外的服务器非常慢，而 NPM 的官方镜像就是国外的服务器，为了节省安装时间，推荐使用淘宝 NPM 镜像 CNPM，在命令提示符窗口中输入下面的命令并执行：

```
npm install -g cnpm --registry=https://registry.npm.taobao.org
```

以后可以直接使用 cnpm 命令安装模块，代码如下：

```
cnpm install 模块名称
```

注意：通常在开发 Vue.js 3.x 的前端项目时，多数情况下会使用 Vue CLI 先搭建脚手架项目，此时会自动安装 Vue 的各个模块，不需要使用 NPM 单独安装 Vue。

2.1.3 命令行工具（CLI）

Vue 提供了一个官方的脚手架（Vue CLI），使用它可以快速搭建一个应用。搭建的应用只需要几分钟的时间就可以运行起来，并带有热重载、保存时 lint 校验以及生产环境可用的构建版本。

例如想构建一个大型的应用，可能需要将应用分割成各自的组件和文件，如图 2-1 所示，此时便可以使用 Vue CLI 快速初始化工程。

因为初始化的工程可以使用 Vue 的单文件组件，它包含各自的 HTML、JavaScript 以及带作用域的 CSS或者 SCSS，格式如下：

图 2-1　各自的组件和文件

```
<template>
    HTML
</template>
<script>
    JavaScript
</script>
<style scoped>
    CSS 或者 SCSS
</style>
```

Vue CLI 工具假定用户对 Node.js 和相关构建工具有一定程度的了解。如果是初学者，建议熟悉

Vue 本身之后再使用 Vue CLI 工具。本书后面的章节将具体介绍脚手架的安装以及如何快速创建一个项目。

2.1.4 使用 Vite 方式

Vite 是 Vue 的作者尤雨溪开发的 Web 开发构建工具，它是一个基于浏览器原生 ES 模块导入的开发服务器。在开发环境下，利用浏览器去解析 import，在服务器端按需编译返回，完全跳过了打包这个概念，服务器随启随用。本书后面的章节将具体介绍 Vite 的使用方法。

2.2 安装 WebStorm

WebStorm 是一款前端页面开发工具。该工具的主要优势是有智能提示、智能补齐代码、代码格式化显示、联想查询和代码调试等。对于初学者而言，WebStorm 不仅功能强大，而且非常容易上手操作，被广大前端开发者誉为 Web 前端开发神器。

下面以 WebStorm 英文版为例进行讲解。首先打开浏览器，进入 WebStorm 官网下载页面，如图 2-2 所示。单击 Download 按钮，即可开始下载 WebStorm 安装程序。

图 2-2　WebStorm 官网下载页面

1. 安装 WebStorm 2019

下载完成后，即可进行安装，具体操作步骤如下：

（1）双击下载的安装文件，进入安装 WebStorm 的欢迎界面，如图 2-3 所示。

（2）单击 Next 按钮，进入选择安装路径窗口，单击 Browse...按钮，即可选择新的安装路径，这里采用默认的安装路径，如图 2-4 所示。

（3）单击 Next 按钮，进入选择安装选项窗口，勾选所有复选框，如图 2-5 所示。

图 2-3　欢迎界面

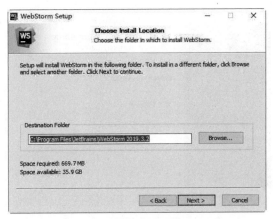

图 2-4　选择安装路径窗口

（4）单击 Next 按钮，进入选择开始菜单文件夹窗口，默认为 JetBrains，如图 2-6 所示。

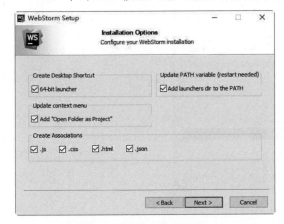

图 2-5　选择安装选项窗口

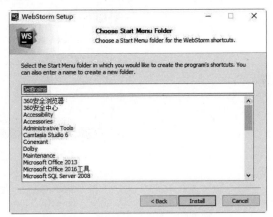

图 2-6　选择开始菜单文件夹窗口

（5）单击 Install 按钮，开始安装软件并显示安装进度，如图 2-7 所示。

（6）安装完成后，单击 Finish 按钮，如图 2-8 所示。

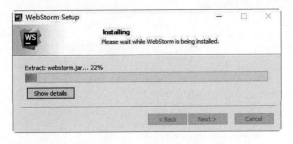

图 2-7　开始安装 WebStorm

2. 创建和运行 HTML 文件

（1）单击 Windows 桌面上的 WebStorm 2019.3.2 x64 快捷键，打开 WebStorm 欢迎界面，如图 2-9 所示。

图 2-8　开始安装 WebStorm

图 2-9　WebStorm 欢迎界面

（2）单击 Open 按钮，在弹出的对话框中选择创建好的文件夹 codeHome，如图 2-10 所示。

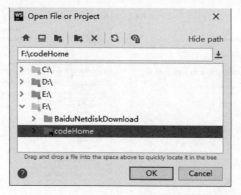

图 2-10　设置工程存放的路径

（3）单击 OK 按钮，进入 WebStorm 主界面，选择 File→New→HTML File 命令，如图 2-11 所示。

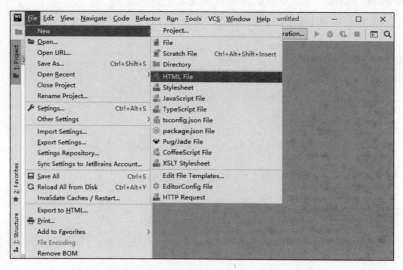

图 2-11　创建一个 HTML 文件

（4）打开 New HTML File 对话框，输入文件名 index.html，选择文件类型为 HTML 5 file，如图 2-12 所示。

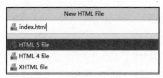

图 2-12　输入文件的名称

（5）按 Enter 键即可查看新建的 HTML 5 文件，接着就可以编辑 HTML 5 文件了。例如，在<body>标记中输入文字"大家一起学习 Vue.js"，如图 2-13 所示。

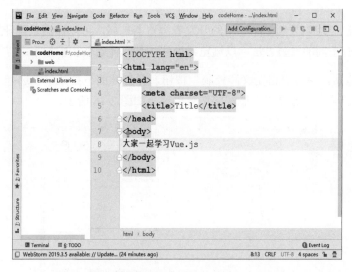

图 2-13　输入文本内容

（6）在谷歌浏览器（下文的浏览器都表示谷歌浏览器）中打开文件的路径，或者打开软件右上角的浏览器工具栏，如图 2-14 所示，选择指定的浏览器，单击即可打开。

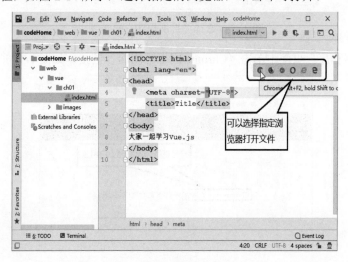

图 2-14　浏览器工具栏

在浏览器中显示的效果如图 2-15 所示。

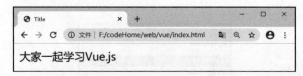

图 2-15　index.html 文件显示效果

2.3　安装 vue-devtools

vue-devtools 是一款调试 Vue.js 应用的开发者浏览器扩展，可以在浏览器开发者工具下调试代码。不同的浏览器有不同的安装方法，以浏览器为例，其具体安装步骤如下：

（1）打开浏览器，单击"自定义和控制"按钮，在打开的下拉菜单中选择"更多工具"菜单项，然后在弹出的子菜单中选择"扩展程序"菜单项，如图 2-16 所示。

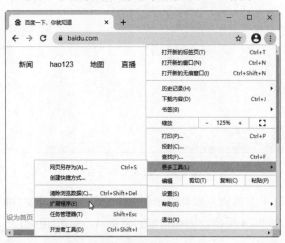

图 2-16　选择"扩展程序"菜单项

（2）在"扩展程序"页面中单击"Chrome 网上应用店"链接，如图 2-17 所示。

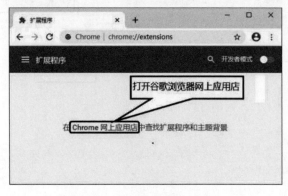

图 2-17　"扩展程序"页面

（3）在"chrome 网上应用店"页面搜索 vue-devtools，如图 2-18 所示。

图 2-18　chrome 网上应用店

（4）添加搜索到的扩展程序 Vue.js devtools，如图 2-19 所示。

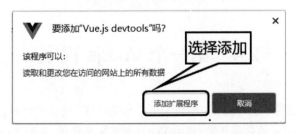

图 2-19　添加扩展程序

（5）在弹出的窗口中单击"添加扩展程序"按钮，如图 2-20 所示。

图 2-20　单击"添加扩展程序"按钮

（6）添加完成后，回到扩展程序页面，可以发现已经显示了 Vue devtools 调试程序，如图 2-21 所示。

图 2-21　扩展程序页面

（7）单击"详细信息"按钮，在展开的页面中选择"允许访问文件网址"选项，如图 2-22 所示。

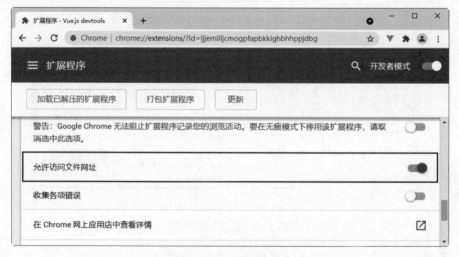

图 2-22　详细信息页面

2.4　第一个 Vue.js 程序

接下来让我们动手感受一下 Vue.js，构建一个"水果介绍"的简单页面。和许多 JavaScript 应用一样，首先从网页中需要展示的数据开始。使用 Vue 的起步非常简单，安装 Vue 库，使用 Vue.createApp 创建一个应用程序实例。Vue 在创建组件实例时会调用 data()函数，该函数将返回数据对象，最后通过 mount()方法在指定的 DOM 元素上装载应用程序实例的根组件，从而实现数据的双向绑定。

【例 2.1】 编写"水果介绍"页面（源代码\ch02\2.1.html）。

这里使用 v-bind 指令绑定 IMG 的 src 属性，使用{{}}语法（插值语法）显示标题<h2>的内容。

```
<!DOCTYPE html>
<html>
<head>
    <meta charset="UTF-8">
    <title>Title</title>
</head>
<body>
    <div id="app">
        <div><img v-bind:src="url" width="450"></div>
        <h2>{{ explain }}</h2>
    </div>
    <!--引入 Vue 文件-->
    <script src="https://unpkg.com/vue@next"></script>
    <script>
    //创建一个应用程序实例
    const vm= Vue.createApp({
    //该函数返回数据对象
    data(){
        return{
            url:'1.jpg',
            explain:'苹果是蔷薇科苹果亚科苹果属植物，其营养价值很高。',
        }
    }
    //在指定的 DOM 元素上装载应用程序实例的根组件
    }).mount('#app');
    </script>
</body>
</html>
```

程序运行效果如图 2-23 所示。

图 2-23 "水果介绍"页面效果

至此，就成功创建了第一个 Vue 应用，这看起来跟渲染一个字符串模板非常类似，但是 Vue 在背后做了大量工作。可以通过浏览器的 JavaScript 控制台来验证，也可以使用 vue-devtools 调试工具来验证。

例如，在浏览器上按 F12 键，打开控制台并切换到 Console 选项，修改 vm.explain="我最爱吃的就是苹果！"，按回车键后，可以发现页面的内容也发生了改变，效果如图 2-24 所示。

图 2-24　在控制台上修改后的效果

使用 vue-devtools 工具调试，打开浏览器的控制台，选择 Vue 选项，单击左侧的<Root>，同样修改 vm.explain="苹果中营养成分可溶性大，容易被人体吸收！"，单击"保存"按钮，可以发现页面的内容同样也发生了改变，效果如图 2-25 所示。

图 2-25　vue-devtools 调试效果

出现上面这样的效果，是因为 Vue 是响应式的。也就是说当数据变更时，Vue 会自动更新所有网页中用到它的地方。除了小程序中使用的字符串类型外，Vue 对其他类型的数据也是响应的。

特别说明：在之后的章节中，示例不再提供完整的代码，而是根据上下文，将 HTML 部分与 JavaScript 部分单独展示，省略了<head>、<body>等标签以及 Vue.js 的加载等，读者可根据上面示例的代码结构来组织代码。

2.5　疑 难 解 惑

疑问 1：如何查看 Vue.js 3.x 的源码？

研究 Vue.js 3.x 的源码不仅可以理解 Vue.js 3.x 框架，还可以扩展 Vue.js 3.x 的功能，甚至开发基于 Vue.js 3.x 的第三方库。Vue.js 3.x 的源码是托管在 GitHub 上的，通过网址 https://github.com/vuejs/vue 可以下载 Vue.js 3.x 的源码，如图 2-26 所示。单击 Code 按钮，然后选择 Download ZIP 进行下载。

图 2-26　下载 Vue.js 3.x 的源码

疑问 2：安装 vue-devtools 工具时需要注意什么？

安装 vue-devtools 工具的方法有很多种，目前 vue-devtools 6.0 beta 版本支持 Vue.js 3.x，其他的版本有可能还不支持 Vue.js 3.x，所以会出现在控制台中找不到 Vue 选项的问题。因此，在下载 vue-devtools 的时候，一定要多看一下页面下方 vue-devtools 文件的说明。

第 3 章

熟悉 ECMAScript 6 的语法

ECMAScript 6（简称 ES 6）目前基本已经成为业界标准，它的普及速度比 ES 5 要快很多，主要原因是现代浏览器对 ES 6 的支持相当迅速，尤其是 Chrome 和 Firefox 浏览器，已经支持 ES 6 中绝大多数的特性。本章将重点学习 ES 6 中常用的语法规则。

3.1　ECMAScript 6 介绍

1995 年 12 月，Sun 公司与网景公司一起研发了 JavaScript。1996 年 3 月，网景公司发表了支持 JavaScript 的网景导航者（浏览器）2.0 说明。由于 JavaScript 作为网页的客户端脚本语言非常成功，微软于 1996 年 8 月将其引入 Internet Explorer 3.0 中，该软件支持与 JavaScript 兼容的 JScript。1996 年 11 月，网景公司将 JavaScript 提交给欧洲计算机制造商协会（ECMA）进行标准化。ECMA-262 的第一个版本于 1997 年 6 月被 ECMA 组织采纳，这也是 ECMAScript（简称 ES）的由来。

3.1.1　ES 6 的前世今生

ECMAScript 是一种由 ECMA 国际（前身为欧洲计算机制造商协会）通过 ECMA-262 标准化的脚本程序设计语言，该语言在互联网上应用广泛，往往被称为 JavaScript 或 JScript，但实际上后两者是 ECMA-262 标准的实现和扩展。

迄今为止有 7 个 ECMA-262 版本发布，代表着一次次的 JavaScript 更新，具体的版本和详细更新内容如表 3-1 所示。

表3-1　ECMAScript版本更新

版　　本	发表日期	与之前版本的差异
1	1997 年 6 月	首版
2	1998 年 6 月	格式修正，以使得其形式与 ISO/IEC16262 国际标准一致

（续表）

版　　本	发表日期	与之前版本的差异
3	1999 年 12 月	强大的正则表达式，更好的词法作用域链处理，新的控制指令，异常处理、错误定义更加明确，数据输出的格式化及其他改变
4	放弃	由于语言的复杂性出现分歧，第 4 版被放弃，其中的部分成为第 5 版及 Harmony 的基础
5	2009 年 12 月	新增严格模式（Strict Mode）。在该版本中提供更彻底的错误检查，以避免因语法不规范而导致的结构出错。澄清了许多第 3 版中的模糊规范，增加了部分新功能，比如 getters 及 setters，支持 JSON 以及在对象属性上更完整的反射
6	2015 年 6 月	多个新的概念和语言特性。ECMAScript Harmony 将会以 ECMAScript 6 发布
6.1	2016 年 6 月	多个新的概念和语言特性

ECMAScript 6 是对语言的重大更新，是自 2009 年 ES 5 标准化以来语言的首次更新。有关 ES 6 的完整规范，请参阅 ES6 标准。

3.1.2　为什么要使用 ES 6

ES 6 是一次重大的版本升级，与此同时，由于 ES 6 秉承着最大化兼容已有代码的设计理念，过去编写的 JS 代码还能正常运行。事实上，许多浏览器已经支持部分 ES 6 特性，并继续努力实现其余特性。这意味着，在一些已经实现部分特性的浏览器中，开发者符合标准的 JavaScript 代码已经可以正常运行，可以更加方便地实现很多复杂的操作，提高开发人员的工作效率。

以下是 ES 6 排名前 10 位的最佳特性列表（排名不分先后）：

- Default Parameters（默认参数）。
- Template Literals（模板文本）。
- Multi-line Strings（多行字符串）。
- Destructuring Assignment（解构赋值）。
- Enhanced Object Literals（增强的对象文本）。
- Arrow Functions（箭头函数）。
- Promises。
- Block-Scoped Constructs Let and Const（块作用域构造 Let 和 Const）。
- Classes（类）。
- Modules（模块）。

3.2　块作用域构造 let 和 const

块级声明用于声明在指定块的作用域之外无法访问的变量。这里的块级作用域是指函数内部或者字符块{}内的区域。

在ES 6中，let是一种新的变量声明方式。在函数作用域或全局作用域中，通过关键字var声明的变量，无论在哪里声明，都会被当成在当前作用域顶部声明的变量，这就是JavaScript的变量提升机制。

```
//函数内部
function calculateTotalAmount(vip) {
    //使用 var 方式定义变量
    if(vip) {
        var amount = 0;
    }
    else{
        console.log(amount);   //此处访问 amount，其值为 undefined
    }
}
//字符块中
{
    var amount = 0;
}
console.log(amount);     //此处访问 amount，其值为 0
// for 循环中
for(var i=0;i<100;i++){
}
console.log(amount);       //此处访问 amount，其值为 100
```

这种变量提升机制给开发工作带来了很多麻烦。在 ES 6 中，用 let 限制块级作用域，而 var 限制函数作用域。

```
//函数内部
function calculateTotalAmount (vip) {
    //使用 let 方式定义变量
    if(vip) {
        let amount = 0;
    }
    else{
        console.log(amount);   //此处不能访问 amount，报错 amount is not defined
    }
}
//字符块中
{
    let amount = 0;
}
console.log(amount);     //此处不能访问 amount，报错 amount is not defined
// for 循环中
for(let i=0;i<100;i++){
}
console.log(amount);       //此处不能访问 amount，报错 amount is not defined
```

使用 let 声明变量，还可以防止变量的重复声明。如果在某个作用域下已经存在某个标识符，此时再次使用 let 关键词声明它就会报错。例如以下代码：

```
var amount = 0;
var amount = 100;
var amount = 1000; //可以重复声明
let amount = 10000; //不能再次声明，报错 Inentifier 'amount' has already been declared
```

虽然在同一个作用域下不能重复声明已经存在的标识符，但是在不同的作用域下是可以的。

```
var amount = 0;
{
```

```
        let amount = 100;  //可以重复声明
}
```

JavaScript 中的 var 只能声明一个变量，这个变量可以保存任何数据类型的值。ES 6 之前并没有定义声明常量的方式，ES 6 标准中引入了新的关键字 const 来定义常量。

使用 const 定义常量后，常量将无法改变，const 常量的用法说明如下。

1. const 常量只能赋一次值

```
const PI=3.14159;
PI=3.14;                //报错 Assignment to constant variable
```

2. 对象常量

如果使用 const 声明变量，对象本身的绑定不能修改，但对象的属性和值可以修改：

```
const obj={name:"kerr"};
obj.name="tom";
obj={name:"xiaoming"};  //报错 Assignment to constant variable
```

3.3　模板字面量

ES 6 引入了模板字面量（Template Literals），主要通过多行字符串（Multi-line Strings）和字符串占位符对字符串的操作进行增强。

3.3.1　多行字符串

在 ES 5 中，如果一个字符串面量要分为多行，那么可以采用以下两种方法来实现。

（1）在一行的结尾添加反斜杠（\）表示承接上一行的代码。这种方式是利用 JavaScript 的语法 Bug 来实现的：

```
//多行字符串
var roadPoem ="江南好, \
风景旧曾谙。";
```

（2）使用加号（+）来拼接字符串。

```
//多行字符串
var roadPoem ="江南好, 风景旧曾谙。"
            +"日出江花红胜火, 春来江水绿如蓝。"
            +"能不忆江南? ";
```

ES 6 的多行字符串是一个非常实用的功能。模板字面量的基础语法就是使用反引号（`）替换字符串的单、双引号。例如：

```
let roadPoem =`江南好, 风景旧曾谙。`;
```

如果需要在字符串中使用反引号，可以使用反斜杠（\）将它转义。

```
let roadPoem =`江南好, \` 风景旧曾谙。`;
```

在 ES 6 中，使用模板字面量语法可以非常方便地创建多行字符串。

```
//多行字符串
let roadPoem =` 江南好，风景旧曾谙。
                日出江花红胜火，春来江水绿如蓝。`;
              console.log(roadPoem);
```

输出结果为：

```
江南好，风景旧曾谙。
日出江花红胜火，春来江水绿如蓝。
```

3.3.2 字符串占位符

在一个模板字面量中，可以将 JavaScript 变量或 JavaScript 表达式嵌入占位符并将其作为字符串的一部分输出到结果中。

在 ES 6 中，占位符是使用语法${NAME}的，并将包含的 NAME 变量或者表达式放在反引号中：

```
let name = "xiaoming";
let names = `zhang ${name}c;

let price = 18.8;
let num = 8;
let total = `商品的总价是：${price * num}`;
```

由于模板字面量本身也是 JavaScript 表达式，因此也可以在一个模板字面量中嵌入另一个模板字面量。

```
let price = 10;
let num = 8;
let total = `经过计算，${
            `商品的总价是：${price * num}`
         }`;
console.log(total);
```

输出结果为：

```
经过计算，商品的总价是：80
```

3.4 默认参数和 rest 参数

在 ES 5 中，JavaScript 定义默认参数的方式如下：

```
//以前的 JavaScript 定义默认参数的方式
function fun1(height, color, url) {
    var height = height || 50;
    var color = color || "red";
    var url = url || "http://www.baidu.com";
```

```
    函数的其他部分
}
```

但在 ES 6 中，可以直接把默认值放在函数声明中：

```
//新的 JavaScript 定义方式
function fun2 (height=50, color="red", url="http://www.baidu.com"){
    函数的其他部分
}
```

在 ES 6 中，声明函数时，可以为任意参数指定默认值，在已指定默认值的参数后还可以继续声明无默认值的参数。

```
function fun3 (height=50, color="red", url){
    函数的其他部分
}
```

在这种情况下，只有在没有为 height 和 color 传值，或者主动为它们传入 undefined 时才会使用它们的默认值。

在 ES 5 中，无论在函数定义中声明了多少形参，都可以传入任意数量的参数，在函数内部可以通过 arguments 对象接收传入的参数。

```
function data() {
    console.log(arguments);
}
data("li", "ab", "cc");
```

ES 6 引入了 rest 参数，在函数的命名参数前添加了 3 个点，用于获取函数的实参。rest 参数是一个数组，包含自它之后传入的所有参数，通过这个数组名就可以逐一访问里面的参数。

```
function data(...args) {
    console.log(args);
}
data("苹果", "香蕉", "橘子");
```

rest 参数必须放到参数最后位置：

```
function fn(a, b, ...args) {
    console.log(a);
    console.log(b);
    console.log(args);
}
fn(100, 200, 300, 400, 500, 600);
```

3.5　解　构　赋　值

在 ES 5 中，如果需要从某个对象或者数组中提取需要的数据赋给变量，可以采用如下方式：

```
let goods = {
    name: "苹果",
    city: "烟台",
    price: "烟台"
```

```
}
//提取对象中的数据赋给变量
let name = goods.name;
let city = goods.city;
let price = goods.price;
//提取数组中的数据赋给变量
let arr = [100,200,300,400];
let a1 = arr[0], a2 = arr[1], a3 = arr[2], a4 = arr[3];
```

在 ES 6 中，通过使用解构赋值的功能，可以从对象和数组中提取数值，并对变量进行赋值。

1. 对象解构

对象解构的方法是在一个赋值操作符的左边放置一个对象字面量。

```
let goods = {
    name: "苹果",
    city: "烟台",
    price: "烟台"
}
//使用解构赋值的功能
let {name,city,price} = goods;
```

如果变量已经声明了，之后想要用解构语法给变量赋值，则需要把整个解构赋值语句放到一个圆括号中。

```
let goods = {
    name: "苹果",
    city: "烟台",
    price: "烟台"
}
//先声明变量，然后解构赋值
let name,city,price;
({name,city,price} = goods);
```

2. 数组解构

因为没有对象属性名的问题，所以数组解构相对比较简单，使用方括号即可。

```
let arr = [100,200,300,400];
let [a1,a2,a3,a4] = arr;
```

由于变量值是根据数组中元素的顺序进行选取的，因此，如果需要获取指定位置的元素值，可以只为该位置的元素提供变量名。

```
let arr = [100,200,300,400];
//获取第 4 个位置的元素
let [,,,a4] = arr;
console.log(a4);      //输出 400
```

和对象解构不同，如果为已经声明过的变量进行数组解构赋值，不需要把整个解构赋值语句放到一个圆括号中。

```
let arr = [100,200,300,400];
let a1,a2,a3,a4;
[a1,a2,a3,a4] = arr;
```

3.6　展开运算符

展开运算符（Spread Operator）也是 3 个点，允许一个表达式在某处展开。展开运算符在多个参数（用于函数调用）、多个元素（用于数组字面量）或者多个变量（用于解构赋值）的地方可以使用。

1. 在函数调用中使用展开运算符

在 ES 5 中可以使用 apply()方法将一个数组展开成多个参数：

```
function test(a, b, c) { }
var args = [100, 200, 300];
test.apply(null, args);
```

上面的代码中，把 args 数组当作实参传递给了 a、b 和 c。

在 ES 6 中可以更加简洁地来传递数组参数：

```
function test(a,b,c) { }
var args = [100,200,300];
test(...args);
```

这里使用展开运算符把 args 直接传递给 test()函数。

2. 在数组字面量中使用展开运算符

在 ES 6 中，可以直接将一个数组并合并到另一个数组中：

```
var arr1=['a','b','c'];
var arr2=[...arr1,'d','e'];              //['a','b','c','d','e']
```

展开运算符也可以用在 push()函数中，可以不需要再使用 apply()函数来合并两个数组：

```
var arr1=['a','b','c'];
var arr2=['d','e'];
arr1.push(...arr2);                      //['a','b','c','d','e']
```

3. 用于解构赋值

解构赋值也是 ES 6 中新添加的一个特性，这个展开运算符可以用于部分情景：

```
let [arg1,arg2,...,arg3] = [1, 2, 3, 4];
arg1 //1
arg2 //2
arg3 //['3','4']
```

展开运算符在解构赋值中的作用跟之前的作用看上去是相反的，它将多个数组项组合成了一个新数组。

不过要注意，解构赋值中的展开运算符只能用在最后。

```
let [arg1,...,arg2,arg3] = [1, 2, 3, 4];       //报错
```

4. 类数组对象变成数组

展开运算符可以将一个类数组对象变成一个真正的数组对象：

```
var list=document.getElementsByTagName('div');
var arr=[..list];
```

list 是类数组对象，这里通过使用展开运算符使其变成了数组。

3.7　增强的对象文本

ES 6 添加了一系列功能来增强对象文本，从而使得处理对象更加轻松。

1. 通过变量进行对象初始化

在 ES 5 中，对象的属性通常是由具有相同名称的变量创建的。例如：

```
var
    a = 100, b = 200, c = 300;
    obj = {
        a: a,
        b: b,
        c: c
    };
// obj.a = 100, obj.b = 200, obj.c = 300
```

在 ES 6 中，简化如下：

```
const
    a = 100, b = 200, c = 300;
    obj = {
        a
        b
        c
    };
```

2. 简化定义对象方法

在 ES 5 中，定义对象的方法需要 function 语句。例如：

```
var lib = {
    sum: function(a, b) { return a + b; },
    mult: function(a, b) { return a * b; }
};
console.log( lib.sum(100, 200) );  // 300
console.log( lib.mult(100, 200) ); // 20000
```

在 ES 6 中，定义对象的方法简化如下：

```
const lib = {
    sum(a, b)  { return a + b; },
    mult(a, b) { return a * b; }
};
```

```
console.log( lib.sum(100, 200) );  // 300
console.log( lib.mult(100, 200) ); // 20000
```

这里不能使用 ES 6 的箭头函数（=>），因为该方法需要一个名称。如果直接命名每个方法，则可以使用箭头函数（=>）。例如：

```
const lib = {
    sum:  (a, b) => a + b,
    mult: (a, b) => a * b
};
console.log( lib.sum(100, 200) );  // 300
console.log( lib.mult(100, 200) ); // 20000
```

3. 动态属性键

在 ES 5 中，虽然可以在创建对象之后添加变量，但是不能使用变量作为键名称。例如：

```
var
    key1 = 'one',
    obj = {
        two: 200,
        three: 300
    };
obj[key1] = 100;
//表示 obj.one = 100, obj.two = 200, obj.three = 300
```

通过在方括号（[]）内放置表达式，可以在 ES 6 中动态分配对象键。例如：

```
const
  key1 = 'one',
  obj = {
    [key1]: 100,
    two: 200,
    three: 300
  };
//表示 obj.one = 100, obj.two = 200, obj.three = 300
```

4. 解构对象属性中的变量

在 ES 5 中，可以将对象的属性值提取到另一个变量中。例如：

```
var myObject = {
    one:   '洗衣机',
    two:   '冰箱',
    three: '空调'
};
var
    one   = myObject.one, // '洗衣机'
    two   = myObject.two, // '冰箱'
    three = myObject.three; // '空调'
```

在 ES 6 中，通过解构可以创建与等效对象属性同名的变量。例如：

```
const myObject = {
    one:   '洗衣机',
    two:   '冰箱',
```

```
    three: '空调'
};
const { one, two, three } = myObject;
//表示 one = '洗衣机', two = '冰箱', three = '空调'
```

3.8 箭 头 函 数

在 ES 6 中，可以使用箭头（=>）定义函数。下面将讲述不同类型的箭头函数。

```
// 函数没有参数
let hello1 = () => "秋风扫落叶";
console.log(hello1("秋风扫落叶"));        //秋风扫落叶

//函数只有一个参数
let hello2 = mess => mess;
console.log(hello2("秋风扫落叶"));        //秋风扫落叶

// 函数有多于一个的参数
let hello3 = (name,mess) => `${name},${mess}`;
console.log(hello3("古诗欣赏","秋风扫落叶"));        //古诗欣赏,秋风扫落叶

// 空函数
let hello4 = () => {};
```

上面代码的功能和下面的代码一样。

```
// 函数没有参数
function hello1 () {
    return "秋风扫落叶";
}

//函数只有一个参数
function hello2 (mess) {
    return mess;
}
// 函数有多于一个的参数
function hello3 (name,mess) {
    return name+","+mess;
}
// 空函数
function hello4(){}
```

JavaScript 中的 this 并不指向对象本身，其指向是可以改变的，往往会因为上下文的变化而变化。通过使用箭头函数，this 可以按照需要进行设置。

有了箭头函数，就不必像使用 that = this 或 self = this、_this = this、.bind(this)那么麻烦了。例如，下面的代码使用 ES 5 就不是很优雅：

```
var _this = this;
$ ('.btn') .click(function(event){
    this.sendData();
})
```

在 ES 6 中则不需要使用_this = this：

```
$ ('.btn').click((event) =>{
   this.sendData();
})
```

这个用法并不是完全否定之前的方案，ES 6 委员会决定，以前的 function 的传递方式也是一个很好的方案，所以它们仍然保留了以前的功能。

下面是另一个例子，通过 call 传递文本给 logUpperCase()函数，在 ES 5 中：

```
var logUpperCase = function() {
   var this = this;
   this.string = this.string.toUpperCase();
   return function () {
      return console.log(_this.string);
   }
}
logUpperCase.call({ string: 'ES6 rocks ' })();
```

而在 ES 6 中并不需要用_this 浪费时间：

```
var logUpperCase = function () {
   this.string = this.string.toUpperCase();
   return () => console.log(this.string);
} logUpperCase.call({string: 'ES6 rocks' })();
```

注意：在 ES 6 中，"=>"可以混合和匹配旧的函数一起使用。当在一行代码中用了箭头函数后，它就变成了一个表达式，将返回单个语句的结果。如果结果超过一行，则需要明确使用 return。

3.9　Promise 实现

JavaScript 引擎是基于单线程事件循环的概念构建的，如果是异步操作，则可以使用 ES 6 提供的 Promise 解决方案。

一个 Promise 可以通过 Promise 构造函数创建，这个构造函数只接收一个参数：包含初始化 Promise 代码的执行器函数，在该函数内包含需要异步执行的代码。执行器函数接收两个参数，分别是 reslove()函数和 reject()函数，这两个函数不用编写，由 JavaScript 引擎提供。

下面使用 setTimeout()函数实现异步延迟加载函数：

```
setTimeout(function (){
   let a = 100/5;
}, 1000);
```

在 ES 6 中，可以使用 Promise 重写，虽然在此实例中并不能减少大量代码，甚至还多写了数行，但是逻辑却清晰了不少：

```
const promise = new Promise(function(resolve, reject)){
   //开启异步操作
   setTimeout(function(){
```

```
    try{
        let a = 100/5;
        //执行成功时，调用 resolve()函数
        resolve(a);
    }catch(ex){
        //执行失败时，调用 reject()函数
        reject(ex);
    }
},1000);
});
```

3.10 Classes（类）

在之前的 JavaScript 版本中，JavaScript 不支持类和类继承的特性，只能使用其他模拟类的定义和类的继承。ES 6 引入了类的概念，通过关键字 class 使类的定义更接近面向对象语言。

在 ES 5 中，没有类的概念，可以通过构造函数和原型混合使用的方式来模拟定义类。

```
function Goods(gName,gPrice){
    this.name = gName;
    this.price = gPrice;
}
Goods.prototype.showName = function (){
    console.log(this.name);
};

Var sGoods = new Goods("洗衣机",6800);
sGoods.showname();
```

在 ES 6 中，使用类可以改写上面的代码：

```
class Goods{
    constructor(gName,gPrice){
        this.name = gName;
        this.price = gPrice;
    }
    showName(){
        console.log(this.name);
    }
}
let sGoods = new Goods("洗衣机",6800);
sGoods.showname();}
```

在 ES 6 中，可以通过 extends 关键字来继承类：

```
class Goods{
    constructor(gName){
        this.name = gName;
    }
    showName(){
        console.log(this.name);
    }
}
```

```
//通过 extends 关键字来继承类 Goods
class Goods1 extends Goods{
    constructor(gName,gPrice){
        super(gName);        //调用父类的 constructor(gName)
        this.price = gPrice;
    }
}
let g1 = new Goods1("洗衣机",6800);
g1.showname();
```

3.11 Modules（模块）

众所周知，在 ES 6 之前，JavaScript 并不支持模块体系，从而导致无法将一个复杂的应用拆分成不同功能的模块，再组合起来使用。于是 JavaScript 社区制定了 AMD 和 CommonJS 及其他解决方法。如今 ES 6 中可以用模块 import 和 export 操作了。

在 ES 5 中，可以在<script>中直接写可以运行的代码（简称 IIFE）或一些库，如 AMD。然而在 ES 6 中，可以用 export 导入类。

下面举个例子，在 ES 5 中，module.js 有 port 变量和 getAccounts()方法：

```
module.exports = {
    port: 3000, getAccounts: function() {
    }
}
//在 ES5 中，main.js 需要依赖 require('module')导入 module.js
var service = require('module.js');
console.log(service.port);           // 3000
```

但在 ES 6 中，将用 export 和 import 进行模块的引入和抛出。例如，以下是使用 ES 6 写的 module.js 文件库：

```
export var port = 3000;
export function getAccounts(url) {
}
```

如果用 ES 6 将上述的 module.js 导入文件 main.js 中，那么就变得非常简单了，只需使用 import {name} from "my-module"语法即可，例如：

```
import {port, getAccounts} from "module";
console.log(port);        // 3000
```

或者可以在 main.js 中导入整个模块，并命名为：

```
import * as service from "module";
console.log(service.port);         // 3000
```

3.12 疑 难 解 惑

疑问 1：ECMAScript 和 JavaScript 是什么关系？

要清楚这个问题，需要回顾历史。1996 年 11 月，JavaScript 的创造者 NetScape 公司决定将 JavaScript 提交给国际标准化组织 ECMA，希望这种语言能够成为国际标准。1997 年，ECMA 发布 262 号标准文件（ECMA-262）的第一版，规定了浏览器脚本语言的标准，并将这种语言称为 ECMAScript，这个版本就是 1.0 版。

该标准从一开始就是针对 JavaScript 语言制定的，但是之所以不叫 JavaScript，有两个原因：一是商标，Java 是 Sun 公司的商标，根据授权协议，只有 NetScape 公司可以合法地使用 JavaScript 这个名字，且 JavaScript 本身已经被 NetScape 公司注册为商标；二是想体现这门语言的制定者是 ECMA，而不是 NetScape，这样有利于保证这门语言的开放性和中立性。

因此，ECMAScript 和 JavaScript 的关系是，前者是后者的规格，后者是前者的一种实现（其他的 ECMAScript 方言还有 JScript 和 ActionScript）。

疑问 2：普通函数和箭头函数的区别是什么？

普通函数是很早就提出的，而箭头函数是 ES 6 提出的，它们两个在语法上不一样，并且它们 this 的指向也不一样。对于普通函数内的 this 来说，如果没有绑定事件元素，this 指向的是 window，在闭包中 this 指向的也是 window；如果函数绑定了事件，但并没有产生闭包，this 指向的是当前调用的事件对象。箭头函数内的 this 指向的是父作用域。

箭头函数不能使用 arguments，普通函数可以使用，arguments 以集合的方式获取函数传递的参数。箭头函数不能实例化为构造函数，而普通函数可以进行实例化。

第4章

熟悉 Vue.js 的语法

Vue.js 使用了基于 HTML 的模板语法，允许开发者声明式地将 DOM 绑定至底层 Vue 实例的数据。所有 Vue.js 的模板都是合法的 HTML，所以能被遵循规范的浏览器和 HTML 解析器解析。在底层的实现上，Vue 将模板编译成虚拟 DOM 渲染函数。结合响应系统，Vue 能够智能地计算出最少需要重新渲染的组件数量，并把 DOM 操作次数减到最少。本章将讲解 Vue.js 语法中数据绑定的语法和指令的使用。

4.1 创建应用程序实例

在一个使用 Vue.js 框架的页面应用程序中，最终都会创建一个应用程序的实例对象并挂载到指定 DOM 上。这个实例将提供应用程序上下文，应用程序实例装载的整个组件树将共享相同的上下文。

在 Vue.js 3.x 中，应用程序的实例创建语法规则如下：

```
Vue.createAPP(App)
```

应用程序的实例充当了 MVVM 模式中的 ViewModel。createAPP()是一个全局 API，它接受一个根组件选项对象作为参数，该对象可以包含数据、方法、组件生命周期钩子等，然后返回应用程序实例本身。Vue.js 3.x 引入 createAPP()是为了解决 Vue 2.x 全局配置代理的一些问题。

创建应用程序的实例后，可以调用实例的 mount()方法制定一个 DOM 元素，在该 DOM 元素上装载应用程序的根组件，这样这个 DOM 元素中的所有数据变化都会被 Vue 框架所监控，从而实现数据的双向绑定。

```
Vue.createAPP(App).mount('#app')
```

【例 4.1】 创建应用程序实例（源代码\ch04\4.1.html）。

```
<!DOCTYPE html>
<html>
```

```
<head>
    <meta charset="UTF-8">
    <title>创建应用程序实例</title>
</head>
<body>
<div id="app">
    <!-简单的文本插值-->
    <h2>{{ message }}</h2>
</div>
<!--引入 Vue 文件-->
<script src="https://unpkg.com/vue@next"></script>
<script>
    //创建一个应用程序实例
    const vm= Vue.createApp({
        //该函数返回数据对象
        data(){
          return{
            message:'萧萧梧叶送寒声，江上秋风动客情。'
            }
          }
        })
    //在指定的 DOM 元素上装载应用程序实例的根组件
    }).mount('#app');
</script>
</body>
</html>
```

在组件选项对象中有一个 data()函数，Vue 在创建组件实例时会调用该函数。data()函数返回一个数据对象，Vue 会将这个对象包装到它的响应式系统中，即转化为一个代理对象，此代理使 Vue 能够在访问或修改属性时执行依赖项跟踪和改进通知，从而自动渲染 DOM。数据对象的每一个属性都会被视为一个依赖项。

注意：这里创建 Vue 实例后赋值给了变量 vm，在实际开发中并不要求一定要将 Vue 实例赋值给某个变量。

在 Chrome 浏览器中运行程序 4.1.html，结果如图 4-1 所示。

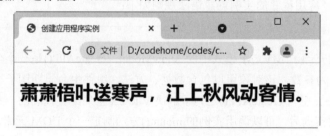

图 4-1　创建应用程序实例

4.2　插　　值

应用程序实例创建完成后，就需要通过插值进行数据绑定。插值的方式有以下 3 种。

1. 文本插值

数据绑定最常见的形式就是使用 Mustache 语法（双大括号）的文本插值：

```
<span>Message: {{ message}}</span>
```

Mustache 标签将会被替代为对应数据对象上 message 属性的值。无论何时，绑定的数据对象上的 message 属性发生了改变，插值处的内容都会更新。

通过使用 v-once 指令，也能执行一次性地插值，当数据改变时，插值处的内容不会更新。但这会影响该节点上的其他数据绑定：

```
<span v-once>这个将不会改变: {{ message }}</span>
```

在 Chrome 浏览器中运行程序 4.1.html，按 F12 键打开控制台并切换到 Elements 选项，可以查看渲染的结果，如图 4-2 所示。

图 4-2　渲染文本

2. 原始 HTML

Mustache 语法会将数据解释为普通文本，而非 HTML 代码。为了输出真正的 HTML 代码，需要使用 v-html 指令。

注意：不能使用 v-html 来复合局部模板，因为 Vue 不是基于字符串的模板引擎。反之，对于用户界面（UI），组件更适合作为可重用和可组合的基本单位。

例如，想要输出一个 a 标签，首先需要在 data 属性中定义该标签，然后根据需要定义 href 属性值和标签内容，最后使用 v-html 绑定到对应的元素上。

【例 4.2】 输出真正的 HTML（源代码\ch04\4.2.html）。

```
<div id="app">
    <!--简单的文本插值-->
    <h2>{{ website}}</h2>
    <!--输出 HTML 代码-->
    <h2 v-html="website"></h2>
</div>
<!--引入 Vue 文件-->
<script src="https://unpkg.com/vue@next"></script>
<script>
```

```
    //创建一个应用程序实例
    const vm= Vue.createApp({
        //该函数返回数据对象
        data(){
          return{
            website:'<a href="https://www.baidu.com">百度</a>'
          }
        }
    //在指定的 DOM 元素上装载应用程序实例的根组件
    }).mount('#app');
</script>
```

在 Chrome 浏览器中运行程序，按 F12 键打开控制台并切换到 Elements 选项，可以发现使用 v-html 指令的 p 标签输出了真正的 a 标签，当单击"百度"后，页面将跳转到对应的页面，效果如图 4-3 所示。

图 4-3　输出真正的 HTML 代码

从结果可知，Mustache 语法不能作用在 HTML 特性上，如果需要控制某个元素的属性，则可以使用 v-bind 指令。

注意：站点上动态渲染的任意 HTML 可能会非常危险，因为它很容易导致 XSS 攻击。请只对可信内容使用 HTML 插值，绝不要对用户提供的内容使用插值。

3. 使用 JavaScript 表达式

在模板中，一直都只绑定简单的属性键值。但实际上，对于所有的数据绑定，Vue.js 都提供了完全的 JavaScript 表达式支持。

```
{{ number + 1 }}
{{ ok ? 'YES' : 'NO' }}
{{ message.split('').reverse().join('')}}
<div v-bind:id="'list-' + id"></div>
```

上面这些表达式会在所属 Vue 实例的数据作用域下作为 JavaScript 被解析。限制就是，每个绑定都只能包含单个表达式，所以下面这些例子都不会生效。

```
<!-- 这是语句，不是表达式 -->
{{ var a = 1}}
<!-- 流控制也不会生效，请使用三元表达式 -->
{{ if (ok) { return message } }}
```

【例 4.3】　使用 JavaScript 表达式（源代码\ch04\4.3.html）。

```
<div id="app">
    <!--使用 JavaScript 表达式-->
    <h2>{{ message.toUpperCase()}}</h2>
    <p>苹果总共{{price*total}}元</p>
</div>
<!--引入 Vue 文件-->
<script src="https://unpkg.com/vue@next"></script>
<script>
    //创建一个应用程序实例
    const vm= Vue.createApp({
        //该函数返回数据对象
        data(){
          return{
            message:'apple',
            price:5,
            total:260
            }
        }
    //在指定的 DOM 元素上装载应用程序实例的根组件
    }).mount('#app' );
</script>
```

在 Chrome 浏览器中运行程序，结果如图 4-4 所示。

图 4-4　使用 JavaScript 表达式

4.3　方　法　选　项

在 Vue.js 3.x 中，方法可以在实例的 methods 选项中定义。

4.3.1　使用方法

使用方法有两种方式：一种是使用插值{{}}，另一种是使用事件调用。

1. 使用插值方式

下面通过一个字符串翻转的示例来看一下使用插值方式的方法。

【例 4.4】 使用插值方式的方法（源代码\ch04\4.4.html）。

在 input 中通过 v-model 指令双向绑定 message，然后在 methods 选项中定义 reversedMessage 方法，让 message 的内容反转，然后使用插值语法渲染到页面中。

```
<div id="app">
    输入内容：<input type="text" v-model="message"><br/>
    反转内容：{{reversedMessage()}}
</div>
<!--引入 Vue 文件-->
<script src="https://unpkg.com/vue@next"></script>
<script>
    //创建一个应用程序实例
    const vm= Vue.createApp({
        //该函数返回数据对象
        data(){
          return{ message: '' }
        },
         //在选项对象的 methods 属性中定义方法
        methods: {
            reversedMessage:function () {
                return this.message.split('').reverse().join('')
             }
         }
    //在指定的 DOM 元素上装载应用程序实例的根组件
    }).mount('#app');
</script>
```

在 Chrome 浏览器中运行程序，然后在文本框中输入"abcdefg"，可以看到下面会显示反转后的内容"gfedcba"，如图 4-5 所示。

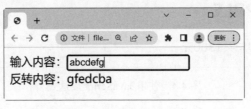

图 4-5 使用插值方式的方法

2. 使用事件调用

下面通过一个"单击按钮自增数值"示例来看一下事件调用。

【例 4.5】 事件调用方法（源代码\ch04\4.5.html）。

首先在 data()函数中定义 num 属性，然后在 methods 中定义 add()方法，该方法每次调用 num 自增。在页面中首先使用插值渲染 num 的值，使用 v-on 指令绑定 click 事件，然后在事件中调用 add()方法。

```
<div id="app">
    {{num}}
    <p><button v-on:click="add()">增加</button></p>
</div>
<!--引入 Vue 文件-->
<script src="https://unpkg.com/vue@next"></script>
<script>
    //创建一个应用程序实例
    const vm= Vue.createApp({
        //该函数返回数据对象
        data(){
          return{
            num:1
          }
        },
        //在选项对象的 methods 属性中定义方法
        methods: {
            add:function(){
                this.num+=1
            }
        }
    //在指定的 DOM 元素上装载应用程序实例的根组件
    }).mount('#app');
</script>
```

在 Chrome 浏览器中运行程序，多次单击"增加"按钮，可以发现每次单击 num 值自增 1，结果如图 4-6 所示。

图 4-6　事件调用方法

4.3.2　传递参数

传递参数和正常的 JavaScript 传递参数的方法一样，分为如下两个步骤。

（1）在 methods 的方法中声明，例如给【例 4.5】中的 add 方法加上一个参数 a，声明如下：

```
add:function(a){}
```

（2）调用方法时直接传递参数，例如这里传递参数为 2，在 button 上直接写：

```
<button v-on:click="add(2)">增加</button>
```

下面我们修改【例 4.5】的代码，每次单击按钮，让它自增 2。

【例 4.6】 传递参数（源代码\ch04\4.6.html）。

```html
<div id="app">
    {{num}}
    <p><button v-on:click="add(2)">增加</button></p>
</div>
<!--引入 Vue 文件-->
<script src="https://unpkg.com/vue@next"></script>
<script>
    //创建一个应用程序实例
    const vm= Vue.createApp({
        //该函数返回数据对象
        data(){
          return{
             num:1
           }
        },
         //在选项对象的 methods 属性中定义方法
        methods: {
            add:function(a){
                this.num+=a
            }
        }
    //在指定的 DOM 元素上装载应用程序实例的根组件
    }).mount('#app');
</script>
```

在 Chrome 浏览器中运行程序，单击 1 次"增加"按钮，可以发现 num 值自增 2，结果如图 4-7 所示。

4.3.3 方法之间的调用

在 Vue 中，methods 中的一个方法可以调用 methods 中的另一个方法，其语法格式如下：

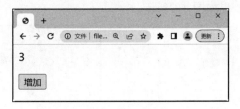

图 4-7 传递参数

```
this.$options.methods.+方法名
```

【例 4.7】 方法之间的调用（源代码\ch04\4.7.html）。

```html
<div id="app">
    {{content}}
    {{way2()}}
</div>
<!--引入 Vue 文件-->
<script src="https://unpkg.com/vue@next"></script>
<script>
    //创建一个应用程序实例
    const vm= Vue.createApp({
        //该函数返回数据对象
        data(){
          return{
             content:"古诗"
           }
        },
```

```
        //在选项对象的 methods 属性中定义方法
        methods: {
            way1:function(){
                alert("东风扇淑气，水木荣春晖。");
            },
            way2:function(){
                this.$options.methods.way1();
            }
        }
    //在指定的 DOM 元素上装载应用程序实例的根组件
    }).mount('#app');
</script>
```

在 Chrome 浏览器中运行程序，结果如图 4-8 所示。

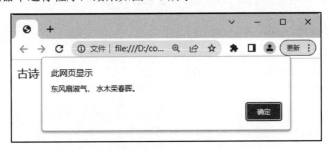

图 4-8　方法之间的调用

4.4　指　　令

指令（Directives）是带有"v-"前缀的特殊特性。指令特性的值预期是单个 JavaScript 表达式（v-for 是例外情况）。指令的职责是，当表达式的值改变时，将其产生的连带影响响应式地作用于 DOM。

例如下面的代码中，v-if 指令将根据表达式布尔值（boolean）的真假来插入或移除<p>元素。

```
<p v-if="boolean">现在你可以看到我了</p>
```

1. 参数

一些指令能够接收一个"参数"，在指令名称之后以英文冒号表示。例如，v-bind 指令可以用于响应式地更新 HTML 特性：

```
<a v-bind:href="url">...</a>
```

在这里 href 是参数，告知 v-bind 指令将该元素的 href 特性与表达式 url 的值绑定。

v-on 指令用于监听 DOM 事件，例如下面的代码：

```
<a v-on:click="doSomething">...</a>
```

其中参数 click 是监听的事件名，在后面的章节中将会详细介绍 v-on 指令的具体用法。

2. 动态参数

从 Vue 2.6.0 版本开始，可以把方括号括起来的 JavaScript 表达式作为一个指令的参数：

```
<a v-bind:[attributeName]="url"> ... </a>
```

这里的 attributeName 会被作为一个 JavaScript 表达式进行动态求值，求得的值将会作为最终的参数来使用。例如，在 Vue 实例的 data 选项中有一个 attributeName 属性，其值为"href"，那么这个绑定等价于 v-bind:href。

同样地，可以使用动态参数为一个动态的事件名绑定处理函数：

```
<a v-on:[eventName]="doSomething"> ... </a>
```

在这段代码中，当 eventName 的值为"click"时，v-on:[eventName]将等价于 v-on:click。

下面看一个示例，其中用 v-bind 绑定动态参数 attr，v-on 绑定事件的动态参数 things。

【例 4.8】 动态参数（源代码\ch04\4.8.html）。

```
<div id="app">
    <p><a v-bind:[attr]="url">百度链接</a></p>
    <p><button v-on:[things]="doSomething">单击事件</button></p>
</div>
<!--引入 Vue 文件-->
<script src="https://unpkg.com/vue@next"></script>
<script>
    //创建一个应用程序实例
    const vm= Vue.createApp({
        //该函数返回数据对象
        data(){
          return{
            attr: 'href',
            things: 'click',
            url: 'baidu.com'
          }
        },
        //在选项对象的 methods 属性中定义方法
        methods: {
           doSomething: function() {
               alert('触发了单击事件！')
           }
        }
    //在指定的 DOM 元素上装载应用程序实例的根组件
    }).mount('#app');
</script>
```

在 Chrome 浏览器中运行程序，在页面中单击"单击事件"按钮，弹出"触发了单击事件！"，结果如图 4-9 所示。

对动态参数的值的约束：动态参数预期会求出一个字符串，异常情况下值为 null。这个特殊的 null 值可以被显性地用于移除绑定。任何其他非字符串类型的值都将会触发一个警告。

动态参数表达式有一些语法约束，因为某些字符（如空格和引号）放在 HTML 属性名里是无效的。例如：

图 4-9　动态参数

```
<!--这会触发一个编译警告-->
<a v-bind:['foo' + bar]="value">...</a>
```

所以不要使用带空格或引号的表达式，或用计算属性替代这种复杂表达式。

在 DOM 中使用模板时，还需要避免使用大写字符来命名键名，因为浏览器会把属性名全部强制转为小写：

```
<!--
在 DOM 中使用模板时，这段代码会被转换为'v-bind:[someattr]'。
除非在实例中有一个名为 someAttr 的 property，否则则代码不会工作
-->
<a v-bind:[someAttr]="value"> ... </a>
```

3．事件修饰符

修饰符（Modifier）是以半角句号“.”指明的特殊后缀，用于指出 v-on 应该以特殊方式绑定。例如，.prevent 修饰符告诉 v-on 指令对于触发的事件调用 event.preventDefault()：

```
<form v-on:submit.prevent="onSubmit">...</form>
```

4.5　缩　　写

“v-”前缀作为一种视觉提示，用来识别模板中 Vue 特定的特性。在使用 Vue.js 为现有标签添加动态行时，“v-”前缀很有帮助。然而，对于一些频繁用到的指令来说，就会感到使用烦琐。同时，在构建由 Vue 管理所有模板的单页面应用程序（Single Page Application，SPA）时，“v-”前缀也就变得没那么重要了。因此，Vue 为 v-bind、v-on 和 v-slot 这几个常用的指令提供了特定缩写，下面一一说明。

1．v-bind 缩写

```
<!-- 完整语法 -->
<a v-bind:href="url">...</a>
<!-- 缩写 -->
<a :href="url">...</a>
```

2. v-on 缩写

```
<!-- 完整语法 -->
<a v-on:click="doSomething">...</a>
<!-- 缩写 -->
<a @click="doSomething">...</a>
```

3. v-slot 缩写

```
<!-- 完整语法 -->
<slotOne v-slot:default></slotOne>
<!-- 缩写 -->
<slotOne #default></slotOne>
```

它们看起来可能与普通的 HTML 略有不同，但":""@"和"#"对于特性名来说都是合法字符，在所有支持 Vue 的浏览器中都能被正确地解析，而且它们不会出现在最终渲染的标记中。

4.6　Vue.js 3.x 的新变化——取消构造函数

与 Vue.js 2.x 相比，Vue.js 3.x 的构造函数已经发生了新变化。

在 Vue.js 2.x 中，使用构造函数的代码如下：

```
const app = new Vue(options);
app.$mount("#app");
Vue.use();
```

这里新建一个构造函数 Vue 实例，并传入参数，然后挂载到 app 元素上。如果使用一些插件，则可以使用 Vue 上的 use()方法。

而在 Vue.js 3.x 中，不存在构造函数了，而是应用对象的 createApp()，代码如下：

```
const app = createApp(app);
app.$mount("#app");
app.use();
```

如果使用一些插件，则可使用实例 app 上的 use()方法。

4.7　综合案例——通过插值语法实现姓名组合

本案例将通过使用插值语法输入姓和名后自动组合起来并显示。

【例 4.9】　通过插值语法实现姓名组合（源代码\ch04\4.9.html）。

```
<div id="app">
    姓: <input type="text" v-model="firstName"><br /><br />
    名: <input type="text" v-model="lastName"><br /><br />
    姓名: <span>{{firstName}}--{{lastName}}</span>
</div>
```

```
<!--引入 Vue 文件-->
<script src="https://unpkg.com/vue@next"></script>
<script>
    //创建一个应用程序实例
   const vm= Vue.createApp({
       //该函数返回数据对象
       data(){
         return{
            firstName: '',
            lastName: '',
          }
       },
     //在指定的 DOM 元素上装载应用程序实例的根组件
    }).mount('#app');
</script>
```

在 Chrome 浏览器中运行程序，分别输入姓和名后，结果如图 4-10 所示。

图 4-10　通过插值语法实现姓名组合

4.8　疑难解惑

疑问 1：命名动态参数时需要注意什么？

指令的参数可以是动态参数，例如以下代码：

```
<a v-bind:[attribute]= "url">百度官网</a>
```

这里的 attribute 会作为表达式进行动态求值，求得的值作为最终的参数来使用。这里记得要避免使用大写字母命名动态参数，因为浏览器会把元素的属性名全部转化为小写字母，最后会因为大小写问题而找不到最终的大写动态参数名称。

疑问 2：data()函数返回的数据保存到哪里了？

Vue 在创建组件实例时，会把 data()函数返回的数据对象保存到组件实例的$data 属性中，同时为了方便访问，数据对象的任何顶层属性直接通过组件实例公开。也就是访问数据属性时，vm.$data.message 和 vm.message 的效果是一样的。

第5章

指 令

指令是 Vue 模板中最常用的一项功能，它带有前缀 v-，主要职责是当其表达式的值改变时，相应地将某些行为应用在 DOM 上。本章将介绍 Vue 的内置指令，以及自定义指令的注册与使用。

5.1 内置指令

内置指令顾名思义就是 Vue 内置的一些指令，它针对一些常用的页面功能提供了以指令来封装的使用形式，以 HTML 属性的方式使用。

5.1.1 v-show

v-show 指令会根据表达式的真假值切换元素的 display CSS 属性，来显示或者隐藏元素。当条件变化时，该指令会自动触发过渡效果。

【例 5.1】 v-show 指令（源代码\ch05\5.1.html）。

```
<div id="app">
    <h3 v-show="ok">西瓜</h3>
    <h3 v-show="no">苹果</h3>
    <h3 v-show="num>=1000">库存很充足！</h3>
</div>
<!--引入 Vue 文件-->
<script src="https://unpkg.com/vue@next"></script>
<script>
    //创建一个应用程序实例
    const vm= Vue.createApp({
        //该函数返回数据对象
        data(){
          return{
            ok:true,
```

```
            no:false,
            num:1000
        }
    }
    //在指定的 DOM 元素上装载应用程序实例的根组件
    }).mount('#app');
</script>
```

在 Chrome 浏览器中运行程序，按 F12 键打开控制台并切换到 Elements 选项，展开<div>标签，结果如图 5-1 所示。

图 5-1　v-show 指令

从上面的示例可以发现，"苹果"并没有显示，这是因为 v-show 指令计算"no"的值为 false，所以元素不会显示。

在 Chrome 浏览器的控制台中可以看到，使用 v-show 指令，元素本身是被渲染到页面中的，只是通过 CSS 的 display 属性来控制元素的显示或者隐藏。如果 v-show 指令计算的结果为 false，则设置器样式为"display:none;"。

在浏览器的控制台中，双击代码后修改"苹果"一栏中的 display 为 true，可以发现页面中只显示了苹果，如图 5-2 所示。

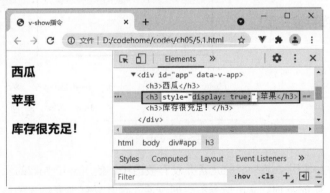

图 5-2　修改"苹果"一栏中的 display 为 true

5.1.2　v-if/v-else-if/v-else

在 Vue 中，使用 v-if、v-else-if 和 v-else 指令实现条件判断。

1. v-if 指令

v-if 指令根据表达式的真假来有条件地渲染元素。

【例 5.2】 v-if 指令（源代码\ch05\5.2.html）。

```html
<div id="app">
    <h3 v-if="ok">冰箱</h3>
    <h3 v-if="no">洗衣机</h3>
    <h3 v-if="num>=1000">库存很充足！</h3>
</div>
<!--引入 Vue 文件-->
<script src="https://unpkg.com/vue@next"></script>
<script>
    //创建一个应用程序实例
    const vm= Vue.createApp({
        //该函数返回数据对象
        data(){
          return{
            ok:true,
            no:false,
            num:1000
          }
        }
    //在指定的 DOM 元素上装载应用程序实例的根组件
    }).mount('#app');
</script>
```

在 Chrome 浏览器中运行程序，按 F12 键打开控制台并切换到 Elements 选项，结果如图 5-3 所示。

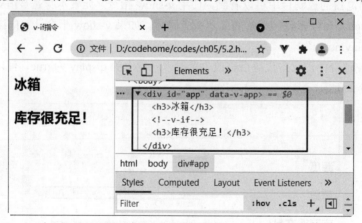

图 5-3 v-if 指令

在上面的示例中，使用 v-if="no"的元素并没有被渲染，使用 v-if="ok"的元素正常渲染了。也就是说，当表达式的值为 false 时，v-if 指令不会创建该元素，只有当表达式的值为 true 时，v-if 指令才会真正创建该元素。这与 v-show 指令不同，v-show 指令无论表达式真假，元素本身都会被创建，显示与否是通过 CSS 的样式属性 display 来控制的。

一般来说，v-if 有更高的切换开销，而 v-show 有更高的初始渲染开销。因此，如果需要非常频繁地切换，则使用 v-show 较好；如果在运行时条件很少改变，则使用 v-if 较好。

2. v-else-if/v-else 指令

v-else-if 指令与 v-if 指令一起使用，用法与 JavaScript 中的 if…else if 类似。
下面的示例使用 v-else-if 指令与 v-if 指令判断学生成绩对应的等级。

【例 5.3】 v-else-if 指令与 v-if 指令（源代码\ch05\5.3.html）。

```
<div id="app">
    <span v-if="score>=90">优秀</span>
    <span v-else-if="score>=80">合格</span>
    <span v-else-if="score>=60">及格</span>
    <span v-else>不及格</span>
</div>
<!--引入 Vue 文件-->
<script src="https://unpkg.com/vue@next"></script>
<script>
    //创建一个应用程序实例
    const vm= Vue.createApp({
        //该函数返回数据对象
        data(){
          return{
            ok:true,
            no:false,
            score:85
          }
        }
    //在指定的 DOM 元素上装载应用程序实例的根组件
    }).mount('#app');
</script>
```

在 Chrome 浏览器中运行程序，按 F12 键打开控制台并切换到 Elements 选项，结果如图 5-4 所示。

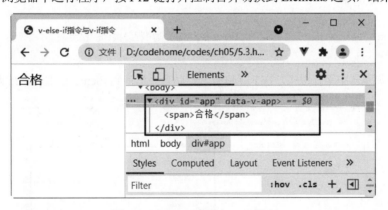

图 5-4　v-else-if 指令与 v-if 指令

在上面的示例中，当满足其中一个条件后，程序就不会再往下执行。使用 v-else-if 和 v-else 指令时，它们要紧跟在 v-if 或者 v-else-if 指令之后。

5.1.3　v-for

使用 v-for 指令可以对数组、对象进行循环，以获取其中的每一个值。

1. 使用 v-for 指令遍历数组

使用 v-for 指令必须使用特定语法 alias in expression，其中 items 是源数据数组，而 item 则是被迭代的数组元素的别名，具体格式如下：

```
<div v-for="item in items">
    {{item}}
</div>
```

下面看一个示例，使用 v-for 指令循环渲染一个数组。

【例 5.4】 使用 v-for 指令遍历数组（源代码\ch05\5.4.html）。

```
<div id="app">
    <ul>
        <li v-for="item in nameList">
          {{item.name}}--{{item.city}}--{{item.price}}元
        </li>
    </ul>
</div>
<!--引入 Vue 文件-->
<script src="https://unpkg.com/vue@next"></script>
<script>
    const vm= Vue.createApp({//创建一个应用程序实例
        data(){//该函数返回数据对象
          return{
              nameList:[
                  {name:'洗衣机',city:'上海',price:'8600'},
                  {name:'冰箱',city:'北京',price:'6800'},
                  {name:'空调',city:'广州',price:'5900'}
              ]
          }
        }
    }).mount('#app'); //在指定的 DOM 元素上装载应用程序实例的根组件
</script>
```

在 Chrome 浏览器中运行程序，按 F12 键打开控制台并切换到 Elements 选项，结果如图 5-5 所示。

图 5-5 使用 v-for 指令遍历数组

提示：v-for 指令的语法结构也可以使用 of 替代 in 作为分隔符，例如：

```
<li v-for="item of nameList">
```

在 v-for 指令中，可以访问所有父作用域的属性。v-for 还支持一个可选的第二个参数，即当前项的索引。例如，修改上面的示例，添加 index 参数，代码如下：

```
<ul>
    <li v-for="(item,index) in nameList">
        {{index}}---{{item.name}}--{{item.score}}分--{{item.class}}
    </li>
</ul>
```

在 Chrome 浏览器中运行程序，结果如图 5-6 所示。

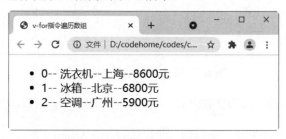

图 5-6　v-for 指令的第二个参数

2. 使用 v-for 指令遍历对象

遍历对象的语法和遍历数组的语法是一样的：

```
value in object
```

其中 object 是被迭代的对象，value 是被迭代的对象属性的别名。

【例 5.5】　使用 v-for 指令遍历对象（源代码\ch05\5.5.html）。

```
<div id="app">
    <ul>
        <li v-for="item in nameObj">
            {{item}}
        </li>
    </ul>
</div>
<!--引入 Vue 文件-->
<script src="https://unpkg.com/vue@next"></script>
<script>
    //创建一个应用程序实例
    const vm= Vue.createApp({
        //该函数返回数据对象
        data(){
          return{
            nameObj:{
                name:"洗衣机",
                city:"上海",
                price:"6800 元"
```

```
            }
          }
        }
    //在指定的 DOM 元素上装载应用程序实例的根组件
    }).mount('#app');
</script>
```

在 Chrome 浏览器中运行程序，结果如图 5-7 所示。

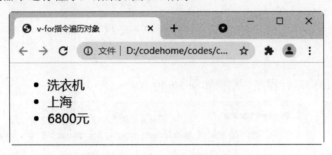

图 5-7　使用 v-for 指令遍历对象

还可以添加第二个参数，用来获取键值；要获取选项的索引，可以添加第三个参数。

【例 5.6】　添加第二个和第三个参数（源代码\ch05\5.6.html）。

```
<div id="app">
    <ul>
        <li v-for="(item,key,index) in nameObj">
            {{index}}--{{key}}--{{item}}
        </li>
    </ul>
</div>
<!--引入 Vue 文件-->
<script src="https://unpkg.com/vue@next"></script>
<script>
    //创建一个应用程序实例
    const vm= Vue.createApp({
        //该函数返回数据对象
        data(){
          return{
            nameObj:{
                name:"洗衣机",
                city:"上海",
                price:"6800 元"
            }
          }
        }
    //在指定的 DOM 元素上装载应用程序实例的根组件
    }).mount('#app');
</script>
```

在 Chrome 浏览器中运行程序，结果如图 5-8 所示。

图 5-8　添加第二个和第三个参数

3. 使用 v-for 指令遍历整数

也可以使用 v-for 指令遍历整数。

【例 5.7】　使用 v-for 指令遍历整数（源代码\ch05\5.7.html）。

```
<div id="app">
    <span v-for="item in 20">
        {{item}}
    </span>
</div>
<!--引入 Vue 文件-->
<script src="https://unpkg.com/vue@next"></script>
<script>
    //创建一个应用程序实例
    const vm= Vue.createApp({
    }).mount('#app');
</script>
```

在 Chrome 浏览器中运行程序，结果如图 5-9 所示。

图 5-9　使用 v-for 指令遍历整数

4. 在<template>上使用 v-for

类似于 v-if，也可以利用带有 v-for 的<template>来循环渲染一段包含多个元素的内容。

【例 5.8】　在<template>上使用 v-for（源代码\ch05\5.8.html）。

```
<div id="app">
   <ul>
      <template  v-for="(item,key,index) in nameObj">
         <li>{{index}}--{{key}}--{{item}}</li>
      </template>
   </ul>
</div>
<!--引入 Vue 文件-->
```

```
<script src="https://unpkg.com/vue@next"></script>
<script>
    //创建一个应用程序实例
    const vm= Vue.createApp({
        data(){
            return{
                nameObj:{
                    name:"洗衣机",
                    city:"上海",
                    price:"6800 元"
                }
            }
        }
    }).mount('#app');
</script>
```

在 Chrome 浏览器中运行程序，按 F12 键打开控制台并切换到 Elements 选项，并没有看到 <template>元素，结果如图 5-10 所示。

图 5-10　在<template>上使用 v-for

提示：template 元素一般常和 v-for 和 v-if 结合使用，这样会使得整个 HTML 结构没有那么多多余的元素，整个结构会更加清晰。

5. 数组更新检测

Vue 将被监听的数组的变异方法进行了包裹，它们也会触发视图更新。被包裹过的方法包括 push()、pop()、shift()、unshift()、splice()、sort()和 reverse()。

【例 5.9】 数组更新检测（源代码\ch05\5.9.html）。

```
<div id="app">
    <ul>
        <li v-for="(item,index) in nameList">
            {{index}}--{{item}}
        </li>
```

```
        </ul>
    </div>
    <!--引入 Vue 文件-->
    <script src="https://unpkg.com/vue@next"></script>
    <script>
        //创建一个应用程序实例
        const vm= Vue.createApp({
            data(){
              return{
                nameList:["洗衣机","上海","5800 元"]
               }
             }
        }).mount('#app');
    </script>
```

在 Chrome 浏览器中运行程序，结果如图 5-11 所示。按 F12 键打开控制台并切换到 Console 选项，在选项中输入"vm.nameList.push("1800 台")"，按 Enter 键，数据将添加到 nameList 数组中，在页面中也会显示添加的内容，如图 5-12 所示。

图 5-11　初始化效果

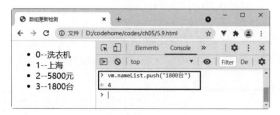

图 5-12　修改数据对象中的数组属性

还有一些非变异方法，例如 filter()、concat()和 slice()。它们不会改变原始数组，总是返回一个新数组。当使用非变异方法时，可以用新数组替换旧数组。

继续在浏览器控制台输入"vm.nameList=vm.nameList.concat(["2600 台","畅销版"])"，把变更后的数组再赋值给 Vue 实例的 nameList，按 Enter 键，即可发现页面发生了变化，如图 5-13 所示。

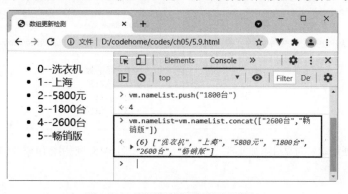

图 5-13　使用新数组替换原始数组

可能会认为，这将导致 Vue 丢弃现有 DOM 并重新渲染整个列表，但事实并非如此。Vue 为了使得 DOM 元素最大范围地重用实现了一些智能的启发式方法，所以用一个含有相同元素的数组去替换原来的数组，这是非常高效的操作。

在 Vue.js 3.x 版本中，可以利用索引直接设置一个数组项，例如修改上面的示例：

```
<script>
    //创建一个应用程序实例
    const vm= Vue.createApp({
        data(){
          return{
            nameList:["洗衣机","上海","5800 元"]
          }
        }
    }).mount('#app');
    //通过索引向数组 nameList 添加 "1800 台"
    vm.nameList[3]="1800 台";
</script>
```

在 Chrome 浏览器中运行程序，结果如图 5-14 所示。

从上面的结果可以发现，要添加的内容已经添加到数组中了。另外，还可以采用以下方法：

```
//使用数组原型的 splice()方法
app.nameList.splice(0,0,"畅销版")
```

修改上面例 5.9 的代码：

```
<script>
    //创建一个应用程序实例
    const vm= Vue.createApp({
        data(){
          return{
            nameList:["洗衣机","上海","5800 元"]
          }
        }
    }).mount('#app');
    //使用数组原型的 splice()方法
    vm.nameList.splice(0,0,"畅销版");
</script>
```

在 Chrome 浏览器中运行程序，可发现要添加的内容已经显示在页面上，结果如图 5-15 所示。

图 5-14　通过索引向数组添加元素

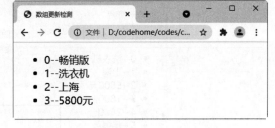

图 5-15　使用数组原型的 splice()方法

6. key 属性

当 Vue 正在更新使用 v-for 渲染的元素列表时，它默认使用 "就地更新" 的策略。如果数据项的顺序被改变，Vue 将不会移动 DOM 元素来匹配数据项的顺序，而是就地更新每个元素，并且确保它们在每个索引位置正确渲染。

为了给 Vue 一个提示，以便它能跟踪每个节点的身份，从而重用和重新排序现有元素，需要为每项提供一个唯一 key 属性。

下面我们先来看一下不使用 key 属性的一个示例。在例 5.10 中定义一个 nameList 数组对象，使用 v-for 指令渲染到页面，同时添加三个输入框和一个添加的按钮，可以通过按钮向数组对象中添加内容。在示例中定义一个 add 方法，在方法中使用 unshift() 数组的开头添加元素。

【例 5.10】　不使用 key 属性（源代码\ch05\5.10.html）。

```
<div id="app">
    <div>名称:<input type="text" v-model="names"></div>
    <div>产地:<input type="text" v-model="citys"></div>
    <div>价格:<input type="text" v-model="prices"><button v-on:click="add()">添加
</button></div>
    <hr>
    <p v-for="item in nameList">
    <input type="checkbox">
    <span>名称:{{item.name}}一产地:{{item.city}}一价格:{{item.price}}</span>
</p>
</div>
<!--引入 Vue 文件-->
<script src="https://unpkg.com/vue@next"></script>
<script>
    //创建一个应用程序实例
    const vm= Vue.createApp({
        data(){
          return{
            names:"",
            citys:"",
            prices:"",
            nameList:[
                {name:'洗衣机',city:'北京',price:'6800 元'},
                {name:'冰箱',city:'上海',price:'8900 元'},
                {name:'空调',city:'广州',price:'6800 元'}
            ]
          }
        },
        methods:{
            add:function(){
                this.nameList.unshift({
                    name:this.names,
                    city:this.citys,
                    price:this.pricees
                })
            }
        }
    }).mount('#app');
</script>
```

在 Chrome 浏览器中运行程序，选中列表中的第一个选项，如图 5-16 所示；然后在输入框中输入新的内容，单击"添加"按钮后，向数组开头添加一组新数据，页面中也相应显示，如图 5-17 所示。

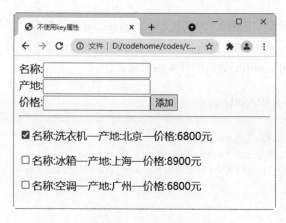

图 5-16　输入内容　　　　　　　　　　图 5-17　添加后效果

从上面的结果可以发现，刚才选择的"洗衣机"变成了新添加的"电视机"。很显然，这不是我们想要的结果。产生这种结果的原因就是 v-for 指令的"就地更新"策略，只记住了数组勾选选项的索引 0，当往数组中添加内容的时候，虽然数组长度增加了，但是指令只记得刚开始选择的数组下标，于是就选择了新数组中下标为 0 的选项。

为了给 Vue 一个提示，以便它能跟踪每个节点的身份，从而重用和重新排序现有元素，需要为每项提供一个唯一 key 属性。

修改上面的示例，在 v-for 指令的后面添加 key 属性，代码如下：

```
<p v-for="item in nameList" v-bind:key="item.name">
  <input type="checkbox">
  <span>name:{{item.name}},score:{{item.score}},class:{{item.class}}</span>
</p>
```

此时重复上面的操作，可以发现已经实现了想要的结果，如图 5-18 所示。

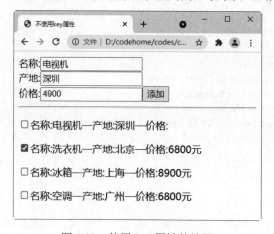

图 5-18　使用 key 属性的结果

7. 过滤与排序

在实际开发中，可能一个数组需要在很多地方使用，有些地方是过滤后的数据，而有些地方是重新排列的数组。这种情况下，可以使用计算属性或者方法来返回过滤或排序后的数组。

【例 5.11】 过滤与排序（源代码\ch05\5.11.html）。

```
<div id="app">
    <p>所有库存的商品: </p>
    <ul>
        <li v-for="item in nameList">
            {{item}}
        </li>
    </ul>
    <p>产地为上海的商品: </p>
    <ul>
        <li v-for="item in namelists">
            {{item}}
        </li>
    </ul>
    <p>价格大于或等于 5000 元的商品: </p>
    <ul>
        <li v-for="item in prices()">
            {{item}}
        </li>
    </ul>
</div>
<!--引入 Vue 文件-->
<script src="https://unpkg.com/vue@next"></script>
<script>
    //创建一个应用程序实例
    const vm= Vue.createApp({
        data(){
          return{
            nameList:[
                {name:"洗衣机",price:"5000",city:"上海"},
                {name:"冰箱",price:"6800",city:"北京"},
                {name:"空调",price:"4600",city:"深圳"},
                {name:"电视机",price:"4900",city:"上海"}
            ]
          }
        },
        computed:{   //计算属性
            namelists:function(){
                return this.nameList.filter(function (nameList) {
                    return nameList.city==="上海";
                })
            }
        },
        methods:{   //方法
            prices:function(){
                return this.nameList.filter(function(nameList){
                    return nameList.price>=5000;
                })
            }
        }
    }).mount('#app');
</script>
```

在 Chrome 浏览器中运行程序，结果如图 5-19 所示。

图 5-19　过滤与排序

8. v-for 与 v-if 一同使用

v-for 与 v-if 一同使用，当它们处于同一节点上时，v-for 的优先级比 v-if 更高，这意味着 v-if 将分别重复运行于每个 v-for 循环中。当只想渲染部分列表选项时，可以使用这种组合方式。

【例 5.12】　v-for 与 v-if 一同使用（源代码\ch05\5.12.html）。

```html
<div id="app">
        <h3>已经出库的商品</h3>
        <ul>
            <template v-for="goods in goodss">
                <li v-if="goods.isOut">
                    {{goods.name}}
                </li>
            </template>
        </ul>
        <h3>没有出库的商品</h3>
        <ul>
            <template v-for="goods in goodss">
                <li v-if="!goods.isOut">
                    {{goods.name}}
                </li>
            </template>
        </ul>
</div>
<script>
<script>
    const vm = Vue.createApp({
        data() {
            return {
                goodss: [
                    {name: '洗衣机', isOut: false},
                    {name: '冰箱', isOut: true},
                    {name: '空调', isOut: false},
```

```
                    {name: '电视机', isOut: true},
                    {name: '电脑', isOut: false}
                ]
            }
        }
    }).mount('#app');
</script>
```

在 Chrome 浏览器中运行程序，结果如图 5-20 所示。

图 5-20　v-for 与 v-if 一同使用

5.1.4　v-bind

v-bind 指令主要用于响应更新 HTML 元素的属性，将一个或多个属性或者一个组件的 prop 动态绑定到表达式。

在【例 5.13】中，将按钮的 title 和 style 属性通过 v-bind 指令进行绑定，这里对于样式的绑定，需要构建一个对象。其他的对于样式的绑定方法，将在后面的章节中详细介绍。

【例 5.13】　v-bind 指令（源代码\ch05\5.13.html）。

```
<div id="app">
    <input type="button" value="按钮" v-bind:title="Title"
v-bind:style="{color:Color,width:Width+'px'}">
    <p><a :href="Address">超链接</a></p>
</div>
<!--引入 Vue 文件-->
<script src="https://unpkg.com/vue@next"></script>
<script>
    //创建一个应用程序实例
    const vm= Vue.createApp({
        data(){
            return {
                Title: '这是我自定义的 title 属性',
                Color: 'blue',
                Width: '100',
                Address:"https://www.baidu.com/"
            }
        }
    }).mount('#app');
```

在 Chrome 浏览器中运行程序，按 F12 键打开控制台并切换到 Elements 选项，可以看到数据已经渲染到了 DOM 中，结果如图 5-21 所示。

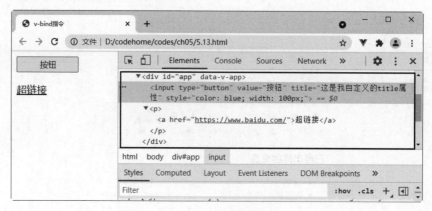

图 5-21 v-bind 指令

5.1.5 v-model

v-model 指令用来在表单<input>、<textarea>及<select>元素上创建双向数据绑定，它会根据控件类型自动选取正确的方法更新元素。它负责监听用户的输入事件以及更新数据，并对一些极端场景进行特殊处理。

【例 5.14】 v-model 指令（源代码\ch05\5.14.html）。

```
<div id="app">
    <!--使用 v-model 指令双向绑定 input 的值和 test 属性的值-->
    <p><input v-model="content" type="text"></p>
    <!--显示 content 的值-->
    <p>{{content}}</p>
</div>
<!--引入 Vue 文件-->
<script src="https://unpkg.com/vue@next"></script>
<script>
    //创建一个应用程序实例
    const vm= Vue.createApp({
        data(){
            return {
                content: "空调"
            }
        }
    }).mount('#app');
</script>
```

在 Chrome 浏览器中运行程序，在输入框中输入"空调的价格是 4988 元"，在输入框下面的位置显示"空调的价格是 4988 元"，如图 5-22 所示。

此时，在浏览器的控制台中输入：

```
vm.content
```

按 Enter 键，可以看到 content 属性的值也变成了"空调的价格是 4988 元"，如图 5-23 所示。

图 5-22　v-model 指令

图 5-23　查看 content 属性的值

还可以在实例中修改 content 属性的值，例如在浏览器的控制台中输入下面的代码：

```
vm.content="空调的价格是 8900 元";
```

然后按 Enter 键，可以发现页面中的内容也发生了变化，如图 5-24 所示。

图 5-24　v-model 指令

从上面这个示例可以了解 Vue 的双向数据绑定，关于 v-model 指令的更多使用方法，后面的章节中还会详细讲解。

5.1.6　v-on

v-on 指令用于监听 DOM 事件，当触发时运行一些 JavaScript 代码。v-on 指令的表达式可以是一般的 JavaScript 代码，也可以是一个方法的名字或者方法调用语句。

在使用 v-on 指令对事件进行绑定时，需要在 v-on 指令后面接上事件名称，例如 click、mousedown、mouseup 等事件。

【例 5.15】　v-on 指令（源代码\ch05\5.15.html）。

```
<div id="app">
    <p>
        <!--监听 click 事件，使用 JavaScript 语句-->
        <button v-on:click="number-=1">-1</button>
        <span>{{number}}</span>
        <button v-on:click="number+=1">+1</button>
    </p>
    <p>
        <!--监听 click 事件，绑定方法-->
        <button v-on:click="say()">古诗</button>
    </p>
</div>
<!--引入 Vue 文件-->
<script src="https://unpkg.com/vue@next"></script>
```

```
<script>
    //创建一个应用程序实例
    const vm= Vue.createApp({
        //该函数返回数据对象
        data(){
          return{
             number:100
          }
        },
        methods:{
            say:function(){
                alert("曲水浪低蕉叶稳，舞雪风软纻罗轻。")
            }
        }
    //在指定的 DOM 元素上装载应用程序实例的根组件
    }).mount('#app');
</script>
```

在 Chrome 浏览器中运行程序，单击 -1 按钮或 +1 按钮，即可实现数字的递增和递减；单击"古诗"按钮，触发 click 事件，调用 say()函数，页面效果如图5-25所示。

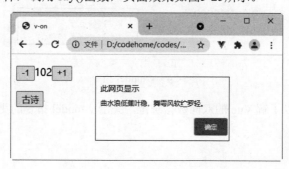

图 5-25   v-on 指令

在 Vue 应用中，许多事件的处理逻辑会很复杂，所以直接把 JavaScript 代码写在 v-on 指令中是不可行的，此时就可以使用 v-on 接收一个方法，把复杂的逻辑放到这个方法中。

提示：使用 v-on 指令接收的方法名称也可以传递参数，只需要在 methods 中定义方法时说明这个形参，即可在方法中获取到。

5.1.7　v-text

v-text 指令用来更新元素的文本内容。如果只需要更新部分文本内容，可使用插值来完成。

【例 5.16】　v-text 指令（源代码\ch05\5.16.html）。

```
<div id="app">
    <!--更新部分内容-->
    <p>古诗欣赏:{{message}}</p>
    <!--更新全部内容-->
    <p v-text="message"></p>
</div>
<!--引入 Vue 文件-->
<script src="https://unpkg.com/vue@next"></script>
```

```
<script>
    //创建一个应用程序实例
    const vm= Vue.createApp({
        //该函数返回数据对象
        data(){
          return{
              message: '百舌无言桃李尽,柘林深处鹁鸪鸣。'
           }
        }
        //在指定的 DOM 元素上装载应用程序实例的根组件
    }).mount('#app');
</script>
```

在 Chrome 浏览器中运行程序,结果如图 5-26 所示。

图 5-26　v-text 指令

5.1.8　v-html

v-html 指令用于更新元素的 innerHTML。内容按普通 HTML 插入,不会作为 Vue 模板进行编译。

【例 5.17】　v-html 指令(源代码\ch05\5.17.html)。

```
<div id="app">
      <p v-html="message"></p>
</div>
<!--引入 Vue 文件-->
<script src="https://unpkg.com/vue@next"></script>
<script>
    //创建一个应用程序实例
    const vm= Vue.createApp({
        //该函数返回数据对象
        data(){
          return{
            message:'<h3 style="color:red"> 老去惜花心已懒,爱梅犹绕江村。</h3>'
           }
        }
        //在指定的 DOM 元素上装载应用程序实例的根组件
    }).mount('#app');
</script>
```

在 Chrome 浏览器中运行程序,结果如图 5-27 所示。

注意: 在网站上动态渲染任意 HTML 是非常危险的,因为容易导致 XSS 攻击。只可以在可信内容上使用 v-html,禁止在用户提交的内容上使用 v-html 指令。

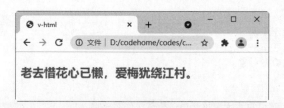

图 5-27　v-html 指令

5.1.9　v-once

v-once 指令不需要表达式。v-once 指令只渲染元素和组件一次，随后的渲染使用了此指令的元素、组件及其所有的子节点，都会当作静态内容并跳过，这个特点可以用于优化更新性能。

例如，在下面的示例中，当修改 input 输入框的值时，使用了 v-once 指令的 p 元素不会随之改变，而第二个 p 元素会随着输入框的内容而改变。

【例 5.18】　v-once 指令（源代码\ch05\5.18.html）。

```
<div id="app">
    <p v-once>不可改变：{{message}}</p>
    <p>可以改变：{{message}}</p>
    <p><input type="text" v-model = "message" name=""></p>
</div>
<!--引入 Vue 文件-->
<script src="https://unpkg.com/vue@next"></script>
<script>
    //创建一个应用程序实例
    const vm= Vue.createApp({
        //该函数返回数据对象
        data(){
          return{
            message:"苹果"
            }
        }
    //在指定的 DOM 元素上装载应用程序实例的根组件
    }).mount('#app');
</script>
```

在 Chrome 浏览器中运行程序，然后在输入框中输入"苹果的库存还有 800 公斤"，可以看到，添加 v-once 指令的 p 标签并没有任何变化，效果如图 5-28 所示。

图 5-28　v-once 指令

5.1.10　v-pre

v-pre 指令不需要表达式,用于跳过这个元素和它的子元素的编译过程。可以使用 v-pre 指令来显示原始 Mustache 标签。

【例 5.19】　v-pre 指令(源代码\ch05\5.19.html)。

```
<div id="app">
    <div v-pre>{{message}}</div>
</div>
<!--引入 Vue 文件-->
<script src="https://unpkg.com/vue@next"></script>
<script>
    //创建一个应用程序实例
    const vm= Vue.createApp({
        //该函数返回数据对象
        data(){
          return{
            message:"竹根流水带溪云。醉中浑不记,归路月黄昏。"
            }
          }
    //在指定的 DOM 元素上装载应用程序实例的根组件
    }).mount('#app');
</script>
```

在 Chrome 浏览器中运行程序,结果如图 5-29 所示。

5.1.11　v-cloak

v-cloak 指令不需要表达式。这个指令保持在元素上直到关联实例结束编译。和 CSS 规则(如[v-cloak]{display:none})一起用时,这个指令可以隐藏未编译的 Mustache 标签直到实例准备完毕。

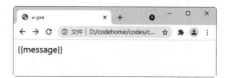

图 5-29　v-pre 指令

【例 5.20】　v-cloak 指令(源代码\ch05\5.20.html)。

```
<!DOCTYPE html>
<html>
<head>
    <meta charset="UTF-8">
    <title>v-cloak</title>
    <!-- 添加 v-cloak 样式 -->
    <style>
        [v-cloak] {
            display: none;
        }
    </style>
</head>
<body>
<div id="app">
    <p v-cloak>{{message}}</p>
</div>
<!--引入 Vue 文件-->
<script src="https://unpkg.com/vue@next"></script>
```

```
<script>
    //创建一个应用程序实例
    const vm= Vue.createApp({
        //该函数返回数据对象
        data(){
          return{
            message:"竹根流水带溪云。醉中浑不记，归路月黄昏。"
            }
         }
    //在指定的 DOM 元素上装载应用程序实例的根组件
    }).mount('#app');
</script>
</body>
</html>
```

在 Chrome 浏览器中运行程序，效果如图 5-30 所示。

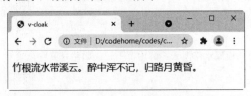

图 5-30　v-cloak 指令

5.2　自定义指令

自定义指令可以用来操作 DOM。尽管 Vue 使用数据驱动视图的理念，但并非所有情况都适合数据驱动。自定义指令就是一种有效的补充和扩展，不仅可用于定义任何 DOM 操作，并且是可复用的。在 Vue 中，除了核心功能默认内置的指令外，Vue 也允许注册自定义指令。一般情况下，对普通 DOM 元素进行底层操作，就会用到自定义指令。

5.2.1　注册自定义指令

自定义指令的注册方法和组件很像，也分全局注册和局部注册，例如注册一个 v-focus 指令，用于在<input>、<textarea>元素初始化时自动获得焦点，全局注册的写法如下：

```
//全局注册
const app = Vue.createApp({});
app.directive('focus',{
    //指令选项
});
```

局部注册的写法如下：

```
// 局部注册
const app = Vue.createApp({
    directives:{
        focus:{
            //指令选项
```

```
        }
    }
})).mount('#app');
```

然后可以在模板中任何元素上使用新的 v-focus 指令，例如：

```
<input v-focus>
```

5.2.2　钩子函数

自定义指令在 directives 选项中实现，directives 选项中提供了以下钩子函数，这些钩子函数是可选的。

（1）beforeMount：只调用一次，指令第一次绑定到元素时调用，用这个钩子函数可以定义一个在绑定时执行一次的初始化动作。

（2）mounted：在挂载绑定元素的父组件时调用。

（3）beforeUpdate：指令所在组件的 VNode 更新前调用。

（4）update：指令所在组件的 VNode 及其子组件的 VNode 全部更新后调用。

（5）beforeUnmount：在卸载绑定元素的父组件之前调用。

（6）unmount：只调用一次，指令与元素解绑且父元素已卸载时调用。

可以根据需求在不同的钩子函数内完成逻辑代码，例如，上面的 v-focus 指令，希望在元素插入父节点时就可以调用，最好使用 mounted 选项。

【例 5.21】　自定义 v-focus 指令（源代码\ch05\5.21.html）。

```
<div id="app">
    <input v-focus>
</div>
<!--引入 Vue 文件-->
<script src="https://unpkg.com/vue@next"></script>
<script>
    //创建一个应用程序实例
    const vm= Vue.createApp({  });
    // 注册一个全局自定义指令 'v-focus'
    vm.directive('focus', {
        //当被绑定的元素插入 DOM 中时
        mounted: function (el) {
            // 聚焦元素
            el.focus()
        }
    })
    vm.mount('#app');
</script>
```

在 Chrome 浏览器中运行程序，可以看到，页面在完成时，输入框自动获取焦点，结果如图 5-31 所示。

每个钩子函数都有几个参数可用，例如上面用到的 el。它们的含义如下：

图 5-31　自定义 v-focus 指令

（1）el：指令所绑定的元素，可以用来直接操作 DOM。

（2）binding：一个对象，包含以下属性：

- name：指令名，不包括 "v-" 前缀。
- value：指令的绑定值，例如 v-my-directive = "1+1"，value 的值是 2。
- oldValue：指令绑定的前一个值，仅在 update 和 componentUpdated 钩子中可用。无论值是否改变都可用。
- expression：绑定值的字符串形式。例如 v-my-directive="1+1"，expression 的值是"1 +1"。
- arg：传给指令的参数。例如 v-my-directive: foo，arg 的值是 foo。
- modifiers：一个包含修饰符的对象。例如 v-my-directive.foo.bar，修饰符对象 modifiers 的值是 { foo: true,bar:true }。

（3）vnode：Vue 编译生成的虚拟节点。

（4）oldVnode：上一个虚拟节点，仅在 update 和 beforeUpdate 钩子中可用。

注意：除了 el 之外，其他参数都应该是只读的，切勿进行修改。如果需要在钩子之间共享数据，则建议通过元素的 dataset 来进行。

下面自定义一个指令，在其钩子函数中输入各个参数。

【例 5.22】 钩子函数的参数（源代码\ch05\5.22.html）。

```html
<div id="app">
    <div v-demo:foo.a.b="message"></div>
</div>
<!--引入 Vue 文件-->
<script src="https://unpkg.com/vue@next"></script>
<script>
    //创建一个应用程序实例
    const vm= Vue.createApp({
        //该函数返回数据对象
        data(){
            return{
                message: '海上生明月'
            }
        }
    })
    // 注册一个全局自定义指令 'demo'
    vm.directive('demo', {
        mounted (el, binding, vnode) {
            let s = JSON.stringify
            el.innerHTML =
        'instance: '   + s(binding.instance) + '<br>' +
        'value: '      + s(binding.value) + '<br>' +
        'argument: '   + s(binding.arg) + '<br>' +
        'modifiers: '  + s(binding.modifiers) + '<br>' +
        'vnode keys: ' + Object.keys(vnode).join(', ')
        }
    })
    vm.mount('#app');
</script>
```

在 Chrome 浏览器中运行程序，由于将钩子函数的参数信息赋值给了<div>元素的 innerHTML 属性，因此会在页面中显示钩子函数的参数信息，结果如图 5-32 所示。

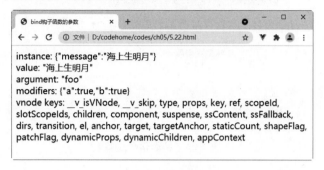

图 5-32 钩子函数的参数

5.2.3 动态指令参数

自定义的指令可以使用动态参数。例如，在 v-pin:[direction]= "value"中，direction 参数可以根据组件实例数据进行更新，从而可以更加灵活地使用自定义指令。

下面的例子通过自定义指令来实现一个功能：让某个元素固定在页面中某个位置，在出现滚动条时，元素不会随着滚动条而滚动。

【例 5.23】 动态指令参数（源代码\ch05\5.23.html）。

```
<div id="app">
    <!--直接给出指令的参数-->
    <p v-dong:top="100">林风纤月落</p>
    <!--使用动态参数-->
    <p v-dong:[direction]="100">林风纤月落</p>
</div>
<!--引入 Vue 文件-->
<script src="https://unpkg.com/vue@next"></script>
<script>
    //创建一个应用程序实例
    const vm= Vue.createApp({
    //该函数返回数据对象
        data(){
            return{
                direction: 'left'
            }
        }
    })
    // 注册一个全局自定义指令 'dong'
    vm.directive('dong', {
        beforeMount(el, binding, vnode) {
            el.style.position = 'fixed';
            let s = binding.arg || 'left';
            el.style[s] = binding.value + 'px'
        }
    })
    vm.mount('#app');
</script>
```

在 Chrome 浏览器中运行程序，结果如图 5-33 所示。

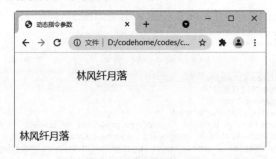

图 5-33　动态指令参数

5.3　综合案例——通过指令实现下拉菜单效果

网站主页中经常需要设计下拉菜单，当鼠标移动到某个菜单上时会弹出下拉菜单列表，每个菜单项可以链接到不同的页面，当鼠标离开菜单列表时，菜单项会被隐藏。下面通过指令来设计这样的下拉菜单效果。

【例 5.24】　设计下拉菜单（源代码\ch05\5.24.html）。

```
<!DOCTYPE html>
<html>
<head>
<meta charset="UTF-8">
<title>下拉菜单</title>
<style>
    body {
        width: 600px;
    }
    a {
        text-decoration: none;
        display: block;
        color: #fff;
        width: 120px;
        height: 40px;
        line-height: 40px;
        border: 1px solid #fff;
        border-width: 1px 1px 0 0;
        background: #5D478B;
    }
    li {
        list-style-type: none;
    }
    #app > li {
        list-style-type: none;
        float: left;
        text-align: center;
        position: relative;
    }
```

```
        #app li a:hover {
            color: #fff;
            background: #FF8C69;
        }
        #app li ul {
            position: absolute;
            left: -40px;
            top: 40px;
            margin-top: 1px;
            font-size: 12px;
        }
        [v-cloak] {
            display: none;
        }
    </style>
    </head>
    <body>
        <div id = "app" v-cloak>
            <li v-for="menu in menus" @mouseover="menu.show = !menu.show"
@mouseout="menu.show = !menu.show">
                <a :href="menu.url" >
                    {{menu.name}}
                </a>
                <ul v-show="menu.show">
                    <li v-for="subMenu in menu.subMenus">
                        <a :href="subMenu.url">{{subMenu.name}}</a>
                    </li>
                </ul>
            </li>
        </div>
    <script src="https://unpkg.com/vue@next"></script>
    <script>
        const data = {
          menus: [
            {
            name: '在线课程', url: '#', show: false, subMenus: [
                {name: 'Python 课程', url: '#'},
                {name: 'Java 课程', url: '#'},
                {name: '前端课程', url: '#'}
            ]
            },
            {
            name: '经典图书', url: '#', show: false, subMenus: [
                {name: 'Python 图书', url: '#'},
                {name: 'Java 图书', url: '#'},
                {name: '前端图书', url: '#'}
            ]
            },
            {
            name: '技术支持', url: '#', show: false, subMenus: [
                {name: 'Python 技术支持', url: '#'},
                {name: 'Java 技术支持', url: '#'},
                {name: '前端技术支持', url: '#'}
            ]
            },
```

```
            {
            name: '关于我们', url: '#', show: false, subMenus: [
                {name: '团队介绍', url: '#'},
                {name: '联系我们', url: '#'}
            ]
            }
        ]
        };
    const vm = Vue.createApp({
            data() {
                return data;
            }
    }).mount('#app');
</script>
</body>
</html>
```

在 Chrome 浏览器中运行程序，当鼠标放置在"经典图书"菜单项目时，结果如图 5-34 所示。

图 5-34　下拉菜单效果

5.4　疑　难　解　惑

疑问 1：加载页面时屏幕闪动如何解决？

在网速较慢、Vue.js 文件还没加载完的情况下，页面上会显示{{message}}的字样，直到 Vue 实例创建、模板编译完成后，{{message}}才会被替换，这个过程中屏幕会闪动，此时可以使用 v-cloak 指令和{display:none}来解决这个问题。

疑问 2：v-show 和 v-if 指令的不同之处是什么？

v-show 指令通过修改元素的 display 属性让其显示或者隐藏。

v-if 指令通过直接销毁和重建 DOM 达到让元素显示和隐藏的效果，v-if 可以实现组件的重新渲染。

第6章

计算属性

在 Vue 中，可以很方便地将数据使用插值表达式的方式渲染到页面元素中，但是插值表达式的设计初衷是用于简化运算，不应该对插值进行过多的操作。当需要进一步对插值进行处理时，可以使用 Vue 中的计算属性来完成这一操作。本章将介绍 Vue 的计算属性。

6.1 使用计算属性

计算属性在 Vue 的 computed 选项中定义，它可以在模板上进行双向数据绑定以展示出结果或者用作其他处理。

通常用户会在模板中定义表达式，非常便利，Vue 的设计初衷也是用于简单运算的。但是在模板中放入太多逻辑会让模板变得臃肿且难以维护。例如：

```
<div id="app">
    {{message.split('').reverse().join('')}}
</div>
```

上面的插值表达式调用了 3 个方法来实现字符串的反转，逻辑过于复杂，如果在模板中还要多次使用此处的表达式，就更加难以维护了，此时应该使用计算属性。

计算属性比较适合对多个变量或者对象进行处理后返回一个结果值，也就是说多个变量中的某一个值发生了变化，则绑定的计算属性也会发生变化。

下面是完整的字符串反转的示例，定义了一个 reversedMessage 计算属性，在 input 输入框中输入字符串时，绑定的 message 属性值发生变化，触发 reversedMessage 计算属性，执行对应的函数，最终使字符串反转。

【例 6.1】 使用计算属性（源代码\ch06\6.1.html）。

```
<div id="app">
    原始字符串: <input type="text" v-model="message"><br/>
```

```
        反转后的字符串：{{reversedMessage}}
    </div>
    <!--引入 Vue 文件-->
    <script src="https://unpkg.com/vue@next"></script>
    <script>
        //创建一个应用程序实例
        const vm= Vue.createApp({
            //该函数返回数据对象
            data(){
              return{
                  message: '小庭幽圃绝清佳 '
                }
            },
            computed: {
                //计算属性的 getter
                reversedMessage(){
                    return this.message.split('').reverse().join('');
                }
            }
        //在指定的 DOM 元素上装载应用程序实例的根组件
        }).mount('#app');
    </script>
```

在 Chrome 浏览器中运行程序，输入框下面会显示对象的反转内容，效果如图 6-1 所示。

在上面的示例中，当 message 属性的值改变时，reversedMessage 的值也会自动更新，并且会自动同步更新 DOM 部分。

在浏览器的控制台中修改 message 的值，按回车键执行代码，可以发现 reversedMessage 的值也发生了改变，如图 6-2 所示。

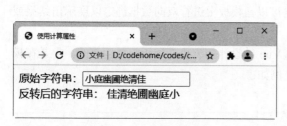

图 6-1 字符串翻转效果

图 6-2 修改 message 的值

6.2 计算属性的 getter 和 setter 方法

计算属性中的每一个属性对应的都是一个对象，对象中包括 getter 和 setter 方法，分别用来获取计算属性和设置计算属性。默认情况下只有 getter 方法，这种情况下可以简写，例如：

```
computed: {
    fullNname:function(){
        //
    }
}
```

默认情况下是不能直接修改计算属性的，如果需要修改计算属性，就需要提供一个 set 方法。例如：

```
computed:{
    fullNname:{
        //get 方法
        get:function(){
            //
        }
        //set 方法
        set:function(newValue){
            //
        }
    }
}
```

提示：通常情况下，getter()方法需要使用 return 返回内容。而 setter()方法不需要，它用来改变计算属性的内容。

【例 6.2】 getter 和 setter 方法（源代码\ch06\6.2.html）。

```
<div id="app">
    <p>商品名称：{{name}}</p>
    <p>商品价格：{{price}}</p>
    <p>商品名称和价格：{{namePrice}}</p>
</div>
<!--引入 Vue 文件-->
<script src="https://unpkg.com/vue@next"></script>
<script>
    //创建一个应用程序实例
    const vm= Vue.createApp({
        //该函数返回数据对象
        data(){
          return{
            name:"洗衣机",
            price:"6800 元"
          }
        },
        computed:{
            namePrice:{
                //getter 方法，显示时调用
                get:function(){
                    //拼接 name 和 price
                    return this.name+ "**"+this.price;
                },
                //setter 方法，设置 namePrice 时调用，其中参数用来接收新设置的值
                set:function(newName){
                    var names=newName.split(' ');  //以空格拆分字符串
                    this.name=names[0];
                    this.price=names[1];
                }
            }
        }
    }
    //在指定的 DOM 元素上装载应用程序实例的根组件
```

```
    })).mount('#app');
</script>
```

在 Chrome 浏览器中运行程序，效果如图 6-3 所示。

在浏览器的控制台中设置计算属性 namePrice 的值为"空调 5900 元"，按回车键，可以发现计算属性的内容变成了"空调 5900 元"，效果如图 6-4 所示。

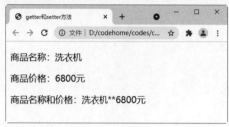

图 6-3　运行效果

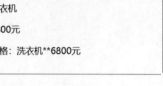

图 6-4　修改后的效果

6.3　计算属性的缓存

计算属性是基于它们的依赖进行缓存的。计算属性只有在它的相关依赖发生改变时，才会重新求值。

计算属性的写法和方法很相似，完全可以在 methods 中定义一个方法来实现相同的功能。

其实，计算属性的本质就是一个方法，只不过在使用计算属性的时候，把计算属性的名称直接作为属性来使用，并不会把计算属性作为一个方法来调用。

为什么还要使用计算属性而不是定义一个方法呢？计算属性是基于它的依赖进行缓存的，即只有在相关依赖发生改变时，才会重新求值。例如，在例 6.1 中，只要 message 没有发生改变，多次访问 reversedMessage 计算属性会立即返回之前的计算结果，而不必再次执行函数。

反之，如果使用方法的形式实现，当使用到 reversedMessage 方法时，无论 message 属性是否发生改变，该方法都会重新执行一次，这无形中增加了系统的开销。

在某些情况下，计算属性和方法可以实现相同的功能，但有一个重要的不同点：在调用 methods 中的一个方法时，所有方法都会被调用。

例如下面的示例定义了两个方法 add1 和 add2，分别打印 number+a、number+b，当调用其中的 add1 时，add2 也将被调用。

【例 6.3】　方法调用方式（源代码\ch06\6.3.html）。

```
<div id="app">
    <button v-on:click="a++">a+1</button>
    <button v-on:click="b++">b+1</button>
    <p>number+a={{add1()}}</p>
    <p>number+b={{add2()}}</p>
</div>
<!--引入 Vue 文件-->
<script src="https://unpkg.com/vue@next"></script>
<script>
```

```
//创建一个应用程序实例
const vm= Vue.createApp({
    //该函数返回数据对象
    data(){
      return{
        a:0,
        b:0,
        number:30
      }
    },
    methods: {
        add1:function(){
            console.log("add1");
            return this.a+this.number
        },
        add2:function(){
            console.log("add2")
            return this.b+this.number
        }
    }
//在指定的 DOM 元素上装载应用程序实例的根组件
}).mount('#app');
</script>
```

在 Chrome 浏览器中运行程序，打开控制台，单击 a+1 按钮，可以发现控制台调用了 add1()和 add2()方法，如图 6-5 所示。

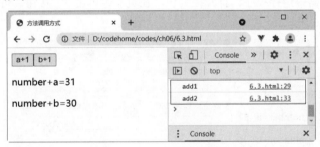

图 6-5　方法的调用效果

使用计算属性则不同，计算属性相当于优化了的方法，使用时只会使用对应的计算属性。例如修改上面的示例，把 methods 换成 computed，并把 HTML 中的调用 add1 和 add2 方法的括号去掉。

注意：计算属性的调用不能使用括号，例如 add1、add2。而调用方法需要加上括号，例如 add1()、add2()。

【例 6.4】　计算属性调用方式（源代码\ch06\6.4.html）。

```
<div id="app">
    <button v-on:click="a++">a+1</button>
    <button v-on:click="b++">b+1</button>
    <p>number+a={{add1}}</p>
    <p>number+b={{add2}}</p>
</div>
<!--引入 Vue 文件-->
```

```
<script src="https://unpkg.com/vue@next"></script>
<script>
    //创建一个应用程序实例
    const vm= Vue.createApp({
        //该函数返回数据对象
        data(){
          return{
            a:0,
            b:0,
            number:30
          }
        },
        computed: {
            add1:function(){
                console.log("number+a");
                return this.a+this.number
            },
            add2:function(){
                console.log("number+b")
                return this.b+this.number
            }
        }
    //在指定的 DOM 元素上装载应用程序实例的根组件
    }).mount('#app');
</script>
```

在 Chrome 浏览器中运行程序，打开控制台，在页面中单击 a+1 按钮，可以发现控制台只打印了 number+a，如图 6-6 所示。

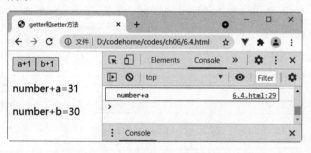

图 6-6　计算属性的调用效果

计算属性相较于方法更加优化，但并不是什么情况下都可以使用计算属性，在触发事件时还是使用对应的方法。计算属性一般在数据量比较大、比较耗时的情况下使用（例如搜索），只有虚拟 DOM 与真实 DOM 不同的情况下才会执行 computed。如果你的业务实现不需要有缓存，计算属性可以使用方法来代替。

6.4　使用计算属性代替 v-for 和 v-if

在业务逻辑处理中，一般会使用 v-for 指令渲染列表的内容，有时也会使用 v-if 指令的条件判断过滤列表中不满足条件的列表项。实际上，这个功能也可以使用计算属性来完成。

【例 6.5】 使用计算属性代替 v-for 和 v-if（源代码\ch06\6.5.html）。

```html
<div id="app">
    <h3>已经出库的商品</h3>
    <ul>
        <li v-for="goods in outGoodss">
            {{goods.name}}
        </li>
    </ul>
    <h3>没有出库的商品</h3>
    <ul>
        <li v-for="goods in inGoodss">
        {{goods.name}}
        </li>
    </ul>
</div>
<!--引入 Vue 文件-->
<script src="https://unpkg.com/vue@next"></script>
<script>
    //创建一个应用程序实例
    const vm= Vue.createApp({
        //该函数返回数据对象
        data(){
          return{
            goodss: [
              {name: '洗衣机', isOut: false},
              {name: '冰箱', isOut: true},
              {name: '空调', isOut: false},
              {name: '电视机', isOut: true},
              {name: '电脑', isOut: false}
            ]
          }
        },
        computed:{
           outGoodss(){
              return this.goodss.filter(goods=>goods.isOut);
            },
           inGoodss(){
              return this.goodss.filter(goods=>!goods.isOut);
           }
        }
    //在指定的 DOM 元素上装载应用程序实例的根组件
    }).mount('#app');
</script>
```

在 Chrome 浏览器中运行程序，结果如图 6-7 所示。

从上面的示例可以发现，计算属性可以代替 v-for 和 v-if 组合的功能。在处理业务时推荐使用计算属性，这是因为即使由于 v-if 指令的使用只渲染了一部分元素，在每次重新渲染的时候仍然要遍历整个列表，而无论渲染的元素内容是否发生了改变。

采用计算属性过滤后再遍历，可以获得一些好处：过滤后的列表只会在 goodss 数组发生相关变化时才被重新计算，过滤更高效；使用 v-for="goods in outGoodss"之后，在渲染的时候只遍历已出库的商品，渲染更高效。

图 6-7　使用计算属性代替 v-for 和 v-if

6.5　综合案例——使用计算属性设计购物车效果

商城网站中经常需要设计购物车效果。购物车页面中会显示商品名称、商品单价、商品数量、单项商品的合计价格，最后会有一个购物车中所有商品的总价。

【例 6.6】　使用计算属性设计购物车效果（源代码\ch06\6.6.html）。

```html
<div id="app">
    <div>
        <div>
            <h3 align="center">商品购物车</h3>
        </div>
        <div>
            <div>
                <label>
                    <input type="checkbox" v-model="checkAll">
                    全选
                </label>
                <label>
                    <input type="checkbox" v-model="checkNo">
                    反选
                </label>
            </div>
            <ul>
                <li v-for="(item,index) in list" :key="item.id">
                    <div>
                        <label>
                            <input type="checkbox" v-model="item.checked">
                            {{item.name}}
                        </label>
                        ￥{{item.price}}
                            
                        <button type="button"  @click="item.nums>1?item.nums-=1:1">-
</button>
                        数量：{{item.nums}}
                        <button type="button"  @click="item.nums+=1">+</button>
```

```
                                   
                    小计：{{item.nums*item.price}}
                </div>
            </li>
        </ul>
        <p align="right">总价：{{sumPrice}}     
   <button type="button"  @click="save" >提交订单</button></p>
    </div>
</div>
<!--引入 Vue 文件-->
<script src="https://unpkg.com/vue@next"></script>
<script>
    //创建一个应用程序实例
    const vm= Vue.createApp({
        //该函数返回数据对象
        data(){
          return{
            list: [{
                    id: 1,
                    name: '洗衣机',
                    checked: true,
                    price: 6800,
                    nums: 1,
                },
                {
                    id: 2,
                    name: '电视机',
                    checked: true,
                    price: 4900,
                    nums: 1,
                },
                {
                    id: 3,
                    name: '饮水机',
                    checked: true,
                    price: 1000,
                    nums: 3,
                },
            ],
          }
        },
        computed: {
                //全选
            checkAll: {
                // 设置值，当单击全选按钮的时候触发
                set(v) {
                    this.list.forEach(item => {
                        item.checked = v
                    });
                },
                // 取值，当列表中的选择改变之后触发
                get() {
                    return this.list.length === this.list.filter(item =>
item.checked == true).length;
                },
            },
            //反选
            checkNo: {
                set() {
```

```
                            this.list.forEach(item => {
                                item.checked = !item.checked;
                            });
                        },
                        get() {
                            // return this.list.length === this.list.filter(item =>
item.checked == true).length;
                        },
                    },
                    // 总价计算
                    sumPrice() {
                        return this.list
                            .filter(item => item.checked)
                            /* reduce*******************************
                            arr.reduce(function (prev, cur, index, arr) {
                                ...
                            }, init);
                            arr 表示原数组;
                            prev 表示上一次调用回调时的返回值，或者初始值 init;
                            cur 表示当前正在处理的数组元素;
                            index 表示当前正在处理的数组元素的索引，若提供 init 值，则索引为 0, 否则
索引为 1;
                            init 表示初始值。
                            常用的参数只有两个: prev 和 cur
                            求数组项之和
                            var sum = arr.reduce(function (prev, cur) {
                                return prev + cur;
                            }, 0); */
                            .reduce((pre, cur) => {
                                return pre + cur.nums * cur.price;
                            }, 0);
                    },
                },
                methods: {
                    save() {
                        console.log(this.list.filter(item =>
                            item.checked
                        ));
                    }
                }
            //在指定的 DOM 元素上装载应用程序实例的根组件
            }).mount('#app');
</script>
```

在 Chrome 浏览器中运行程序，选择不同的商品，设置商品的数量后，结果如图 6-8 所示。

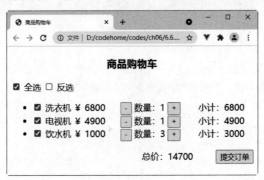

图 6-8　设计购物车效果

6.6　疑　难　解　惑

疑问 1： v-for 和 v-if 可以用在同一个元素上吗？

尽量不要把 v-for 和 v-if 用在同一个元素上，这是因为即使由于 v-if 指令的使用只渲染了部分元素，但是每次渲染的时候仍然要遍历整个列表，而无论渲染的元素内容是否发生了变化，从而增大了开销。

疑问 2： 采用计算属性遍历列表有什么好处？

采用计算属性过滤后再遍历列表有以下好处：

- 过滤后的列表只会在数组发生变化时才被重新计算，过滤更高效。
- 使用 v-for 渲染的时候只遍历已完成的计划，渲染更高效。
- 解耦渲染层的逻辑，可维护性更强。

第7章

精通监听器

监听器是一个对象，以 key-value 的形式表示。key 是需要监听的表达式，value 是对应的回调函数。value 也可以是方法名，或者包含选项的对象。Vue 实例将会在实例化时调用$watch()遍历 watch 对象的每一个 property。同时，当差值数据变化时，执行异步或开销较大的操作时，可以通过监听器的方式来达到目的。本章将讲解监听器对象的用法。

7.1　使用监听器

监听器在 Vue 实例的 watch 选项中定义。它包括两个参数，第一个参数是监听数据的新值，第二个是旧值。

下面的示例监听了 data()函数中的 message 属性，并在控制台中打印新值和旧值。

【例 7.1】　使用监听器（源代码\ch07\7.1.html）。

```
<div id="app">
    时：<input type="text" v-model="time">
    分钟：<input type="text" v-model="minute">
</div>
<!--引入 Vue 文件-->
<script src="https://unpkg.com/vue@next"></script>
<script>
    //创建一个应用程序实例
    const vm= Vue.createApp({
        //该函数返回数据对象
        data(){
          return{
            time:0,
            minute:0
          }
        },
```

```
        watch:{
          time(val) {
             this.minute = val * 60;
          },
          // 监听器函数也可以接收两个参数，val 是当前值，oldVal 是改变之前的值
          minute(val, oldVal) {
             this.time = val / 60;
          }
        }
     //在指定的 DOM 元素上装载应用程序实例的根组件
     }).mount('#app');
</script>
```

在 Chrome 浏览器中运行程序，这里将分别监听数据属性 time 和 minute 的变化，当其中一个数据的值发生变化时，就会调用对应的监听器，经过计算得到另一个数据属性的值，结果如图 7-1 所示。

图 7-1　监听属性值的变化

注意，不要用箭头函数来定义 watch 函数。例如：

```
time:(val) =>{
    this.time = val;
    this.minute = this.time*60
}
```

因为箭头函数绑定了父级作用域的上下文，所以 this 将不会按照期望指向 Vue 实例，this.time 和 this.minute 都是 undefined。

7.2　监 听 方 法

在使用监听器的时候，除了直接写一个监听处理函数外，还可以接收一个加字符串形式的方法名，方法在 methods 选项中定义。

【例 7.2】　使用监听器方法（源代码\ch07\7.2.html）。

在示例中监听了 yuan 和 jiao 属性，后面直接加上字符串形式的方法名 method1 和 method2，最后在页面中使用 v-model 指令绑定 yuan 和 jiao 属性。

```
<div id="app">
    <p>元和角的转换</p>
    <p>元：<input type="text" v-model="yuan"></p>
    <p>角：<input type="text" v-model="jiao"></p>
</div>
<!--引入 Vue 文件-->
```

```
<script src="https://unpkg.com/vue@next"></script>
<script>
    //创建一个应用程序实例
    const vm= Vue.createApp({
        //该函数返回数据对象
        data(){
          return{
            yuan:0,
            jiao:0
          }
        },
        methods:{
            method1:function (val,oldVal) {
                this.jiao=val*10;
            },
            method2:function (val,oldVal) {
                this.yuan=val/10;
            }
        },
        watch:{
            //监听 yuan 属性，yuan 变化时，使 jiao 属性等于 yuan*10
            yuan:"method1",
            //监听 jiao 属性，jiao 变化时，使 val 属性等于 jiao/10
            jiao:"method2"
        }
    //在指定的 DOM 元素上装载应用程序实例的根组件
    }).mount('#app');
</script>
```

在 Chrome 浏览器中运行程序，在第一个输入框中输入 6，可以发现第二个输入框的值相应地变为 60，如图 7-2 所示。同样，在第二个输入框中输入内容，第一个输入框也会相应地变化。

图 7-2　监听方法

7.3　监 听 对 象

当监听器监听一个对象时，使用 handler 定义数据变化时调用的监听器函数还可以设置 deep 和 immediate 属性。

deep 属性在监听对象属性变化时使用，该选项的值为 true，表示无论该对象的属性在对象中的层级有多深，只要该属性的值发生变化，都会被监测到。

　　监听器函数在初始渲染时并不会被调用，只有在后续监听的属性发生变化时才会被调用；如果需要监听器函数在监听开始后立即执行，可以使用 immediate 选项将其值设置为 true。

　　下面的示例监听一个 goods 对象，在商品价格改变时显示是否可以采购。

【例 7.3】　监听对象（源代码\ch07\7.3.html）。

```
<div id="app">
    商品价格: <input type="text" v-model="goods.price">
    <p>{{pess}}</p>
</div>
<!--引入 Vue 文件-->
<script src="https://unpkg.com/vue@next"></script>
<script>
    //创建一个应用程序实例
    const vm= Vue.createApp({
        //该函数返回数据对象
        data(){
          return{
            pess:'',
            goods: {
                name: '洗衣机',
                price:0
            }
          }
        },
        watch: {
            goods:{
                //该回调函数在 goods 对象的属性改变时被调用
                handler: function(newValue,oldValue){
                    if(newValue.price>=8000){
                        this.pess="价格太贵了，不可以采购! ";
                    }
                    else{
                        this.pess="价格合适，可以采购! ";
                    }
                },
                //设置为 true，无论属性被嵌套多深，改变时都会调用 handler 函数
                deep:true
            }
        }
    //在指定的 DOM 元素上装载应用程序实例的根组件
    }).mount('#app');
</script>
```

　　在 Chrome 浏览器中运行程序，在输入框中输入 860，下面会显示"价格合适，可以采购！"，如图 7-3 所示；修改为 8600，下面会变成"价格太贵了，不可以采购！"，如图 7-4 所示。

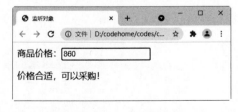

图 7-3　输入"860"效果

图 7-4　输入"8600"效果

从上面的示例可以发现，页面初始化时监听器不会被调用，只有在监听的属性发生变化时才会被调用；如果要让监听器函数在页面初始化时执行，可以使用 immediate 选项，将其值设置为 true。

```
watch: {
    goods:{
        //该回调函数在 goods 对象的属性改变时被调用
        handler: function(newValue,oldValue){
            if(newValue.price>=8000){
                this.pess="价格太贵了,不可以采购! ";
            }
            else{
                this.pess="价格合适,可以采购! ";
            }
        },
        //设置为 true，无论属性被嵌套多深，改变时都会调用 handler 函数
        deep:true,
        //页面初始化时执行 handler 函数
        immediate:true
    }
}
```

此时在 Chrome 浏览器中运行程序，可以发现，虽然没有改变属性值，也调用了回调函数，显示了"价格合适，可以采购！"，如图 7-5 所示。

图 7-5 immediate 选项的作用

在上面的示例中，使用 deep 属性深入监听，监听器会一层一层地往下遍历，给对象的所有属性都加上这个监听器，修改对象里面任何一个属性都会触发监听器里的 handler 函数。

在实际开发过程中，用户很可能只需要监听对象中的某几个属性，设置 deep:true 之后就会增大程序性能的开销。这里可以直接监听想要监听的属性，例如修改上面的示例，只监听 score 属性。

【例 7.4】 监听器对象的单个属性（源代码\ch07\7.4.html）。

```
<div id="app">
    商品产地：<input type="text" v-model="goods.city">
    <p>{{pess}}</p>
</div>
<!--引入 Vue 文件-->
<script src="https://unpkg.com/vue@next"></script>
<script>
    //创建一个应用程序实例
    const vm= Vue.createApp({
        //该函数返回数据对象
        data(){
          return{
            pess:'',
```

```
            goods: {
                name: '洗衣机',
                city:''
            }
        }
    },
    watch: {
        //监听 goods 对象的 city 属性
        'goods.city':{
            handler: function(newValue,oldValue){
                if(newValue == "上海"){
                    this.pess="商品的产地是上海！";
                }
                else{
                    this.pess="商品的产地不是上海！";
                }
            },
            //设置为 true，无论属性被嵌套多深，改变时都会调用 handler 函数
            deep:true
        }
    }
    //在指定的 DOM 元素上装载应用程序实例的根组件
    }).mount('#app');
</script>
```

在 Chrome 浏览器中运行程序，在输入框中输入"北京"，结果如图 7-6 所示；在输入框中输入"上海"，结果如图 7-7 所示。

　　　　图 7-6　输入"北京"的效果　　　　　　　图 7-7　输入"上海"的效果

提示：监听对象的属性时，因为使用了点号（.），所以要使用单引号（''）或双引号（""）将其包裹起来，例如"'goods.city'"。

7.4　综合案例——使用监听器设计购物车效果

本节将使用监听器设计购物车效果，这个购物车需要满足以下需求：

（1）当用户每次修改预购买商品名称的时候，都需要清空购买数量。

（2）对购物车数据进行侦听，每次单击"加入购物车"按钮，都会显示商品名称和数量。

【例 7.5】 设计购物车效果（源代码\ch07\7.5.html）。

```
<div id="app">
    <div>商品名称：<input v-model="name"/></div>
    <button v-on:click="cut">减一个</button>
        购买数量{{count}}
    <button v-on:click="add">加一个</button>
    <button v-on:click="addCart">加入购物车</button>
    <div v-for="(item, index) in list" :key="index">
        {{item.name}}  x{{item.count}}
    </div>
</div>
<!--引入 Vue 文件-->
<script src="https://unpkg.com/vue@next"></script>
<script>
    //创建一个应用程序实例
    const vm= Vue.createApp({
        //该函数返回数据对象
        data(){
            return{
              name: '',
              count:0,
              isMax: false,
              list: []
            }
        },
      methods: {
        cut() {
          this.count = this.count - 1
          this.isMax = false
        },
        add() {
          this.count = this.count + 1
        },
        addCart() {
          this.list.push({
            name: this.name,
            count: this.count
          })
        }
      },
      watch: {
        count: function(newVal, oldVal) {
          if(newVal > 10) {
            this.isMax = true
          }
          if(newVal < 0) {
            this.count = 0
          }
        },
        name: function() {
          this.count = 0,
          this.isMax = false
        }
      }
```

```
        //在指定的 DOM 元素上装载应用程序实例的根组件
    })).mount('#app');
</script>
```

在 Chrome 浏览器中运行程序，输入商品名称后多次单击 加一个 按钮，然后单击"加入购物车"按钮，结果如图 7-8 所示。

图 7-8　购物车效果

7.5　疑 难 解 惑

疑问 1：什么时候需要使用监听器？

当需要在数据变化时执行异步或开销较大的操作时，使用监听器比较合适。例如，在一个学习资料搜索系统中，用户输入的问题需要从服务器的数据库中获取相应的资料，就可以对问题属性进行监听。在异步请求学习资料的过程中，可以向用户提示"请稍候，正在搜索中"。

疑问 2：计算属性和监听器有何不同？

Vue 的计算属性主要用于同步对数据的处理，而监听器主要用于事件的同步或异步。它们的主要区别如下：

（1）计算属性拥有缓存属性，只有当依赖的数据发生变化时，关联的数据才会变化，适用于计算或者格式化数据的场景。

（2）监听器用于监听数据，有关联但是没有依赖，只要某个数据发生变化，就可以处理一些数据并同步或异步执行。

第8章

事 件 处 理

我们在第 4 章中简单讲解过 v-on 的基本用法。本章将继续深入学习 Vue 实现绑定事件的方法，使用 v-on 指令监听 DOM 事件来触发一些 JavaScript 代码。通过本章的学习，读者可以更加深入地掌握 Vue 中事件处理的技巧。

8.1 监 听 事 件

事件其实就是在程序运行中可以调用方法改变对应的内容。下面来看一个简单的示例。

```
<div id="app">
    <p>期末考试总成绩是:{{ num }}分</p>
</div>
<!--引入 Vue 文件-->
<script src="https://unpkg.com/vue@next"></script>
<script>
    //创建一个应用程序实例
    const vm= Vue.createApp({
        //该函数返回数据对象
        data(){
          return{
             num:360
           }
        }
    //在指定的 DOM 元素上装载应用程序实例的根组件
    }).mount('#app');
</script>
```

运行的结果为"期末考试总成绩是：360 分"。

在上面的示例中，如果想要改变考试成绩，就可以通过事件来完成。

在 JavaScript 中可以使用的事件，在 Vue.js 中都可以使用。使用事件时，需要使用 v-on 指令监听 DOM 事件。

下面看一个示例，它在上面的示例的基础上添加了两个按钮，当单击按钮时会增加或减少考试成绩。

【例 8.1】 添加单击事件（源代码\ch08\8.1.html）。

```
<div id="app">
    <button v-on:click="num--">减少 1 分</button>
    <button v-on:click="num++">增加 1 分</button>
    <p>期末考试总成绩是:{{ num }}分</p>
</div>
<!--引入 Vue 文件-->
<script src="https://unpkg.com/vue@next"></script>
<script>
    //创建一个应用程序实例
    const vm= Vue.createApp({
        //该函数返回数据对象
        data(){
          return{
            num:360
          }
        }
        //在指定的 DOM 元素上装载应用程序实例的根组件
    }).mount('#app');
</script>
```

在 Chrome 浏览器中运行程序，多次单击 增加1分 按钮，期末考试总成绩会不断增加，结果如图 8-1 所示。

图 8-1　单击事件

8.2　事件处理方法

上一节的示例是直接操作属性，但在实际的项目开发中，是不可能直接对属性进行操作的。例如，在前面的示例中，如果想要单击一次按钮，期末考试成绩增加或减少 10 分，要怎么做呢？

许多事件处理逻辑会更为复杂，所以直接把 JavaScript 代码写在 v-on 指令中是不可行的。在 Vue 中，v-on 还可以接收一个需要调用的方法名称，可以在方法中来完成复杂的逻辑。

下面的示例在方法中实现单击按钮增加或减少 10 分的操作。

【例 8.2】 事件处理方法（源代码\ch08\8.2.html）。

```html
<div id="app">
    <button v-on:click="reduce">减少 10 分</button>
    <button v-on:click="add">增加 10 分</button>
    <p>期末考试总成绩是:{{ num }}分</p>
</div>
<!--引入 Vue 文件-->
<script src="https://unpkg.com/vue@next"></script>
<script>
    //创建一个应用程序实例
    const vm= Vue.createApp({
        //该函数返回数据对象
        data(){
          return{
            num:360
          }
        },
        methods:{
            add:function(){
                this.num+=10
            },
            reduce:function(){
                this.num-=10
            }
        }
    //在指定的 DOM 元素上装载应用程序实例的根组件
    }).mount('#app');
</script>
```

在 Chrome 浏览器中运行程序，单击 增加10分 按钮，期末考试总成绩就增加 10 分，结果如图 8-2 所示。

注意，"v-on:"可以使用"@"代替，例如下面的代码：

```html
<button @click="reduce">减少 10 分</button>
<button @click="add">增加 10 分</button>
```

图 8-2　事件处理方法

"v-on:"和"@"的作用是一样的，根据自己的习惯进行选择即可。

这样就把逻辑代码写到了方法中。相对于上面的示例，还可以通过传入参数来实现，在调用方法时，传入想要增加或减少的数量，在 Vue 中定义一个 change 参数来接收。

【例 8.3】 事件处理方法的参数（源代码\ch08\8.3.html）。

```html
<div id="app">
    <button v-on:click="reduce(100)">减少 100 分</button>
    <button v-on:click="add(100)">增加 100 分</button>
    <p>期末考试总成绩是:{{ num }}分</p>
</div>
<!--引入 Vue 文件-->
<script src="https://unpkg.com/vue@next"></script>
<script>
    //创建一个应用程序实例
```

```
    const vm= Vue.createApp({
        //该函数返回数据对象
        data(){
          return{
            num:3600
          }
        },
        methods:{
            //在方法中定义一个参数 change，接收 HTML 中传入的参数
            add:function(change){
                this.num +=change
            },
            reduce:function(change){
                this.num -=change
            }
        }
    //在指定的 DOM 元素上装载应用程序实例的根组件
    }).mount('#app');
</script>
```

在 Chrome 浏览器中运行程序，单击 增加100分 按钮，期末考
试总成绩就增加 100 分，结果如图 8-3 所示。

对于定义的方法，多个事件都可以调用。例如，在上面的
示例中，再添加两个按钮，分别添加双击事件，并调用 add()和
reduce()方法。单击事件传入参数 10，双击事件传入参数 100，
在 Vue 中使用 change 进行接收。

图 8-3 事件处理方法的参数

【例 8.4】 多个事件调用一个方法（源代码\ch08\8.4.html）。

```
<div id="app">
    <div>单击:
        <button v-on:click="reduce(10)">减少 10 分</button>
        <button v-on:click="add(10)">增加 10 分</button>
    </div>
    <p>期末考试总成绩是:{{ num }}分</p>
    <div>双击:
        <button v-on:dblclick="reduce(100)">减少 100 分</button>
        <button v-on:dblclick="add(100)">增加 100 分</button>
    </div>
</div>
<!--引入 Vue 文件-->
<script src="https://unpkg.com/vue@next"></script>
<script>
    //创建一个应用程序实例
    const vm= Vue.createApp({
        //该函数返回数据对象
        data(){
          return{
            num:3600
          }
        },
        methods:{
```

```
            add:function(change){
                this.num+=change
            },
            reduce:function(change){
                this.num-=change
            }
        }
    //在指定的 DOM 元素上装载应用程序实例的根组件
    }).mount('#app');
</script>
```

在 Chrome 浏览器中运行程序，单击或者双击按钮，期末考试总成绩会随之改变，效果如图 8-4 所示。

注意：在 Vue 事件中，可以使用事件名称 add 或 reduce 进行调用，也可以使用事件名加上 "()" 的形式，例如 add()、reduce()。但是在有参数时，需要使用 add()、reduce() 的形式。在 {{}} 中调用方法时，必须使用 add()、reduce() 形式。

图 8-4　多个事件调用一个方法

8.3　事件修饰符

对事件可以添加一些通用的限制。例如添加阻止事件冒泡，Vue 对这种事件的限制提供了特定的写法，称之为修饰符，语法如下：

```
v-on:事件.修饰符
```

在事件处理程序中，调用 event.preventDefault()（阻止默认行为）或 event.stopPropagation()（阻止事件冒泡）是非常常见的需求。尽管可以在方法中轻松实现这一点，但更好的方式是使用纯粹的数据逻辑，而不是去处理 DOM 事件细节。

在 Vue 中，事件修饰符处理了许多 DOM 事件的细节，让我们不再需要花费大量的时间去处理这些烦恼的事情，而将更多的精力用于程序的逻辑处理。在 Vue 中，事件修饰符主要有：

（1）stop：等同于 JavaScript 中的 event.stopPropagation()，阻止事件冒泡。

（2）capture：与事件冒泡的方向相反，事件捕获由外到内。

（3）self：只会触发自己范围内的事件。

（4）once：只会触发一次。

（5）prevent：等同于 JavaScript 中的 event.preventDefault()，阻止默认事件的发生。

（6）passive：执行默认行为。

下面分别来看一下每个修饰符的用法。

8.3.1　stop

stop 修饰符用来阻止事件冒泡。在下面的示例中，创建一个 div 元素，在其内部也创建一个 div

元素，并分别为它们添加单击事件。根据事件的冒泡机制可以得知，当单击内部的 div 元素之后，会扩散到父元素 div，从而触发父元素的单击事件。

【例 8.5】 冒泡事件（源代码\ch08\8.5.html）。

```html
<head>
    <meta charset="UTF-8">
    <title>冒泡事件</title>
<style>
    .outside{
        width: 200px;
        height: 100px;
        border: 1px solid red;
        text-align: center;
    }
    .inside{
        width: 100px;
        height: 50px;
        border:1px solid black;
        margin:15% 25%;
    }
</style>
</head>
<body>
<div id="app">
    <div class="outside" @click="outside">
        <div class="inside" @click ="inside">冒泡事件</div>
    </div>
</div>
<!--引入 Vue 文件-->
<script src="https://unpkg.com/vue@next"></script>
<script>
    //创建一个应用程序实例
    const vm= Vue.createApp({
        methods: {
            outside: function () {
                alert("外面 div 的单击事件")
            },
            inside: function () {
                alert("内部 div 的单击事件")
            }
        }
        //在指定的 DOM 元素上装载应用程序实例的根组件
    }).mount('#app');
</script>
```

在 Chrome 浏览器中运行程序，单击内部（inside）元素，触发自身事件，效果如图 8-5 所示；根据事件的冒泡机制，也会触发外部（outside）元素，效果如图 8-6 所示。

如果不希望出现事件冒泡，则可以使用 Vue 内置的修饰符 stop 便捷地阻止事件冒泡的产生。因为是单击内部 div 元素后产生的事件冒泡，所以只需要在内部 div 元素的单击事件上加上 stop 修饰符即可。

图 8-5　触发内部元素事件　　　　　图 8-6　触发外部元素事件

【例 8.6】　使用 stop 修饰符阻止事件冒泡（源代码\ch08\8.6.html）。

修改上面 HTML 对应的代码：

```
<div id="app">
    <div class="outside" @click="outside">
        <div class="inside" @click.stop="inside">阻止事件冒泡</div>
    </div>
</div>
```

在 Chrome 浏览器中运行程序，单击内部的 div 后，将不再触发父元素单击事件，如图 8-7 所示。

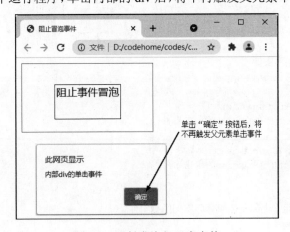

图 8-7　只触发内部元素事件

8.3.2　capture

　　事件捕获模式与事件冒泡模式是一对相反的事件处理流程，当想要将页面元素的事件流改为事件捕获模式时，只需要在父级元素的事件上使用 capture 修饰符即可。若有多个该修饰符，则由外而内触发。

　　在下面的示例中，创建了 3 个 div 元素，把它们分别嵌套，并添加单击事件。为外层的两个 div

元素添加 capture 修饰符，当单击内部的 div 元素时，将从外向内触发含有 capture 修饰符的 div 元素的事件。

【例 8.7】　capture 修饰符（源代码\ch08\8.7.html）。

```
<style>
    .outside{
        width: 300px;
        height: 180px;
        color:white;
        font-size: 30px;
        background: red;
        margin-top: 120px;
    }
    .center{
        width: 200px;
        height: 120px;
        background: #17a2b8;
    }
    .inside{
        width: 100px;
        height: 60px;
        background: #a9b4ba;
    }
</style>
<div id="app">
    <div class="outside" @click.capture="outside">
        <div class="center" @click.capture="center">
            <div class="inside" @click="inside">内部</div>
            中间
        </div>
        外层
    </div>
</div>
<!--引入 Vue 文件-->
<script src="https://unpkg.com/vue@next"></script>
<script>
    //创建一个应用程序实例
    const vm= Vue.createApp({
        methods: {
            outside:function(){
                alert("外面的 div")
            },
            center:function(){
                alert("中间的 div")
            },
            inside: function () {
                alert("内部的 div")
            }
        }
    //在指定的 DOM 元素上装载应用程序实例的根组件
    }).mount('#app');
</script>
```

在 Chrome 浏览器中运行程序，单击内部的 div 元素，会先触发添加了 capture 修饰符的外层 div 元素，如图 8-8 所示；然后触发中间 div 元素，如图 8-9 所示；最后触发单击的内部元素，如图 8-10 所示。

图 8-8　触发外层 div 元素事件

图 8-9　触发中间 div 元素事件

图 8-10　触发内部 div 元素事件

8.3.3　self

self 修饰符可以理解为跳过冒泡事件和捕获事件，只有直接作用在该元素上的事件才可以执行。self 修饰符会监视事件是否直接作用在元素上，若不是，则冒泡跳过该元素。

【例 8.8】　self 修饰符（源代码\ch08\8.8.html）。

```html
<style>
    .outside{
        width: 300px;
        height: 180px;
        color:white;
        font-size: 30px;
        background: red;
        margin-top: 100px;
    }
    .center{
        width: 200px;
        height: 120px;
        background: #17a2b8;
    }
    .inside{
        width: 100px;
```

```
                height: 60px;
                background: #a9b4ba;
            }
    </style>
    <div id="app">
        <div class="outside" @click="outside">
            <div class="center" @click.self="center">
                <div class="inside" @click="inside">内部</div>
                中间
            </div>
            外层
        </div>
    </div>
    <!--引入 Vue 文件-->
    <script src="https://unpkg.com/vue@next"></script>
    <script>
        //创建一个应用程序实例
        const vm= Vue.createApp({
            methods: {
                outside: function () {
                    alert("外面的 div")
                },
                center: function () {
                    alert("中间的 div")
                },
                inside: function () {
                    alert("内部的 div")
                }
            }
        //在指定的 DOM 元素上装载应用程序实例的根组件
        }).mount('#app');
    </script>
```

在 Chrome 浏览器中运行程序，单击内部的 div 后，触发该元素的单击事件，效果如图 8-11 所示；由于中间 div 添加了 self 修饰符，因此直接单击该元素就会跳过，内部 div 执行完毕后，外层的 div 紧接着执行，效果如图 8-12 所示。

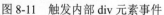

图 8-11　触发内部 div 元素事件

图 8-12　触发外层 div 元素事件

8.3.4 once

有时需要只执行一次的操作，比如微信朋友圈点赞，便可以使用 once 修饰符来完成。

提示：不像其他只能对原生的 DOM 事件起作用的修饰符，once 修饰符还能被用到自定义的组件事件上。

【例 8.9】 once 修饰符（源代码\ch08\8.9.html）。

```
<div id="app">
    <button @click.once="add">点赞 {{num }}</button>
</div>
<!--引入 Vue 文件-->
<script src="https://unpkg.com/vue@next"></script>
<script>
    //创建一个应用程序实例
    const vm= Vue.createApp({
        //该函数返回数据对象
        data(){
          return{
            num:0
          }
        },
        methods:{
            add:function(){
                this.num +=1
            },
        }
    //在指定的 DOM 元素上装载应用程序实例的根组件
    }).mount('#app');
</script>
```

在 Chrome 浏览器中运行程序，单击"点赞 0"按钮，count 值从 0 变成 1，之后，无论再单击多少次，count 的值仍然是 1，效果如图 8-13 所示。

图 8-13　once 修饰符作用效果

8.3.5 prevent

prevent 修饰符用于阻止默认行为，例如<a>标签，当单击标签时，默认行为会跳转到对应的链接，如果在<a>标签上添加 prevent 修饰符，则不会跳转到对应的链接。
而 passive 修饰符能够提升移动端的性能。

提示：不要把 passive 和 prevent 修饰符一起使用，因为 prevent 将会被忽略，同时浏览器可能会展示一个警告。passive 修饰符会告诉浏览器不想阻止事件的默认行为。

【例 8.10】 prevent 修饰符（源代码\ch08\8.10.html）。

```html
<div id="app">
    <div style="margin-top: 100px">
        <a @click.prevent="alert()" href="https://cn.vuejs.org" >阻止跳转</a>
    </div>
</div>
<!--引入 Vue 文件-->
<script src="https://unpkg.com/vue@next"></script>
<script>
    //创建一个应用程序实例
    const vm= Vue.createApp({
        methods:{
            alert:function(){
                alert("阻止<a>标签的链接")
            }
        }
        //在指定的 DOM 元素上装载应用程序实例的根组件
    }).mount('#app');
</script>
```

在 Chrome 浏览器中运行程序，单击"阻止跳转"链接，触发 alert()事件弹出"阻止<a>标签的链接"，效果如图 8-14 所示；然后单击"确定"按钮，可以发现页面将不再进行跳转。

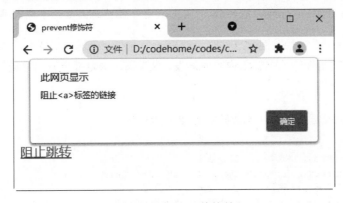

图 8-14 prevent 修饰符

8.3.6 passive

明明是默认执行的行为,为什么还要使用 passive 修饰符呢？原因是浏览器只有等内核线程执行到事件监听器对应的 JavaScript 代码时，才能知道内部是否会调用 preventDefault 函数来阻止事件的默认行为，所以浏览器本身是没有办法对这种场景进行优化的。在这种场景下，用户的手势事件无法快速产生，会导致页面无法快速执行滑动逻辑，从而让用户感觉到页面卡顿。

通俗地说，就是每次事件产生时，浏览器都会去查询一下是否有 preventDefault 阻止该次事件的默认动作，加上 passive 修饰符就是为了告诉浏览器,不用查询了,没有 preventDefault 阻止默认行为。

passive 修饰符一般用在滚动监听、@scoll 和@touchmove 中。因为滚动监听过程中，移动每个像素都会产生一次事件，每次都使用内核线程查询 prevent 会使滑动卡顿，通过 passive 修饰符将内核线程查询跳过，可以大大提升滑动的流畅度。

注意：使用修饰符时，顺序很重要，相应的代码会以同样的顺序产生。因此，使用 v-on:click.prevent.self 会阻止所有的单击，而 v-on:click.self.prevent 只会阻止对元素自身的单击。

8.4 按键修饰符

在 Vue 中，可以使用以下 3 种键盘事件：

- keydown：键盘按键按下时触发。
- keyup：键盘按键抬起时触发。
- keypress：键盘按键按下和抬起间隔期间触发。

在日常的页面交互中，经常会遇到这种需求。例如，用户输入账号和密码后按 Enter 键，以及一个多选筛选条件，通过单击多选框后自动加载符合选中条件的数据。在传统的前端开发中，碰到这种类似的需求时，往往需要知道 JavaScript 中需要监听的按键所对应的 keyCode，然后通过判断 keyCode 得知用户按下了哪个按键，继而执行后续的操作。

提示：keyCode 返回 keypress、keydown、keyup 事件触发的键值的字符代码。

下面来看一个示例，当触发键盘事件时，调用一个方法。在这个示例中，为两个 input 输入框绑定 keyup 事件，用键盘在输入框输入内容时触发，每次输入内容都会触发并调用 name 或 password 方法。

【例 8.11】 触发键盘事件（源代码\ch08\8.11.html）。

```
<div id="app">
    <label for="name">姓名: </label>
    <input v-on:keyup="name" type="text" id="name">
    <label for="pass">密码: </label>
    <input v-on:keyup="password" type="password" id="pass">
</div>
<!--引入 Vue 文件-->
<script src="https://unpkg.com/vue@next"></script>
<script>
    //创建一个应用程序实例
    const vm= Vue.createApp({
        methods: {
            name:function(){
                console.log("正在输入姓名...")
            },
            password:function(){
                console.log("正在输入密码...")
            }
        }
    //在指定的 DOM 元素上装载应用程序实例的根组件
    }).mount('#app');
</script>
```

在浏览器中运行，打开控制台，然后在输入框中输入姓名和密码。可以发现，每次输入时，都会调用对应的方法打印内容，如图 8-15 所示。

图 8-15　每次输入内容都会触发

Vue 提供了一种便利的方式来实现监听按键事件。在监听键盘事件时，经常需要查找常见的按键所对应的 keyCode，而 Vue 为常用的按键提供了绝大多数常用的按键码的别名：

```
.enter
.tab
.delete (捕获"删除"和"退格"键)
.esc
.space
.up
.down
.left
.right
```

对于上面的示例，每次输入都会触发 keyup 事件，有时不需要每次输入都触发，例如发 QQ 消息，希望所有的内容都输入完成再发送。这时可以为 keyup 事件添加 Enter 按键码，当 Enter 键抬起时，才会触发 keyup 事件。

例如，修改上面的示例，在 keyup 事件后添加 Enter 按键码。

【例 8.12】　添加 Enter 按键码（源代码\ch08\8.12.html）。

```
<div id="app">
    <label for="name">商品名称: </label>
    <input v-on:keyup.enter="name" type="text" id="name">
</div>
<!--引入 Vue 文件-->
<script src="https://unpkg.com/vue@next"></script>
<script>
    //创建一个应用程序实例
    const vm= Vue.createApp({
        methods: {
            name:function(){
                console.log("正在输入商品名称...")
            }
        }
    //在指定的 DOM 元素上装载应用程序实例的根组件
```

```
    })).mount('#app');
</script>
```

在 Chrome 浏览器中运行程序，在 input 输入框中输入姓名"洗衣机"，然后按 Enter 键，弹起后触发 keyup 方法，打印"正在输入商品名称..."，效果如图 8-16 所示。

图 8-16 按 Enter 键并弹起时触发

8.5 系统修饰键

可以用如下修饰符来实现仅在按相应按键时才触发鼠标或键盘事件的监听器。

```
.ctrl
.alt
.shift
.meta
```

提示：系统修饰键与常规按键不同，在和 keyup 事件一起使用时，事件触发时修饰键必须处于按下状态。换句话说，只有在按住 Ctrl 键的情况下释放其他按键，才能触发 keyup.ctrl，而单单释放 Ctrl 键不会触发事件。

【例 8.13】 系统修饰键（源代码\ch08\8.13.html）。

```
<div id="app">
    <label for="name">姓名: </label>
    <!--添加 Shift 按键码-->
    <input v-on:keyup.shift.enter="name" type="text" id="name">
</div>
<!--引入 Vue 文件-->
<script src="https://unpkg.com/vue@next"></script>
<script>
    //创建一个应用程序实例
    const vm= Vue.createApp({
        methods: {
            name:function(){
                console.log("正在输入姓名...")
```

```
        }
    }
    //在指定的 DOM 元素上装载应用程序实例的根组件
    }).mount('#app');
</script>
```

在 Chrome 浏览器中运行程序，在 input 中输入内容后，按 Enter 键是无法激活 keyup 事件的，首先需要按 Shift 键，再按 Enter 键才可以触发，效果如图 8-17 所示。

图 8-17 系统修饰键

8.6 综合案例——处理用户注册信息

本案例主要在按钮、下拉列表、复选框上添加事件处理，从而实现注册用户时的信息处理。在选择"同意本站协议"复选框之前，"注册"按钮是不可用的。

【例 8.14】 处理用户注册信息（源代码\ch08\8.14.html）。

```
<div id="app">
    <p>{{msg}}</p>
    <button v-on:click="handleClick">单击按钮</button>
    <button @click="handleClick">单击按钮</button>
    <h5>选择感兴趣的技术</h5>
    <select v-on:change="handleChange">
        <option value="web">网站前端技术</option>
        <option value="python">Python 编程技术</option>
        <option value="java">Java 编程技术</option>
    </select>
    <h5>表单提交</h5>
    <form v-on:submit.prevent="handleSubmit">
        <input type="checkbox"  v-on:click="handleDisabled"/>
        同意本站协议
        <br><br>
        <button :disabled="isDisabled">注册</button>
    </form>
</div>
<!--引入 Vue 文件-->
<script src="https://unpkg.com/vue@next"></script>
```

```
<script>
    //创建一个应用程序实例
    const vm= Vue.createApp({
        //该函数返回数据对象
        data(){
          return{
              msg:"注册账户",
              isDisabled:true
          }
        },
         //methods 对象
         methods:{
             //通过 methods 来定义需要的方法
             handleClick:function(){
                 console.log("btn is clicked");
             },
             handleChange:function(event){
                 console.log("选择了某选项"+event.target.value);
             },
             handleSubmit:function(){
                 console.log("触发事件");
             },
             handleDisabled:function(event){
                  console.log(event.target.checked);
                 if(event.target.checked==true){
                    this.isDisabled =  false;
                 }
                 else {
                    this.isDisabled =  true;
                 }
             }
         }
    //在指定的 DOM 元素上装载应用程序实例的根组件
    }).mount('#app');
</script>
```

在 Chrome 浏览器中运行程序，单击"单击按钮"，选择下拉列表项和选择复选框时，将触发不同的事件，如图 8-18 所示。

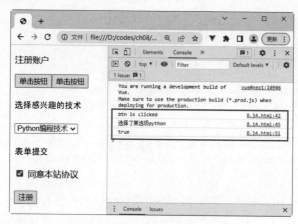

图 8-18 处理用户注册信息

8.7 疑难解惑

疑问 1：为什么在 HTML 中监听事件？

读者可能注意到这种事件监听的方式违背了关注点分离（separation of concern）的传统理念。不必担心，因为所有的 Vue.js 事件处理方法和表达式都严格绑定在当前视图的 ViewModel 上，它不会导致任何维护上的困难。实际上，使用 v-on 有几个好处：

（1）通过 HTML 模板便能轻松定位 JavaScript 代码对应的方法。

（2）因为无须在 JavaScript 中手动绑定事件，所以 ViewModel 代码可以是非常纯粹的逻辑，和 DOM 完全解耦，更易于测试。

（3）当一个 ViewModel 被销毁时，所有的事件处理器都会自动被删除，无须担心如何清理它们。

疑问 2：exact 修饰符怎么使用？

exact 修饰符允许控制由精确的系统修饰符组合触发的事件，示例代码如下：

```
<!--即使 Alt 或 Shift 键被一同按下，也会触发-->
<button @click.ctrl="onClick">A</button>
<!--有且只有 Ctrl 键被按下的时候才触发-->
<button @click.ctrl.exact="onCtrlClick">A</button>
<!--没有任何系统修饰符被按下的时候才触发-->
<button @click.exact="onClick">A</button>
```

第9章

class 与 style 绑定

在 Vue 中，操作元素的 class 列表和内联样式是数据绑定的一个常见需求。因为它们都是属性，所以可以用 v-bind 进行处理：只需要通过表达式计算出字符串结果即可。不过，字符串拼接麻烦且容易出错。因此，在将 v-bind 用于 class 和 style 时，Vue.js 做了专门的增强。表达式结果的类型除了字符串之外，还可以是对象或数组。本章将讲解 class 和 style 的用法。

9.1 绑定 HTML 样式（class）

在 Vue 中，动态的样式类在 v-on:class 中定义，静态的类名写在 class 样式中。

9.1.1 数组语法

Vue 中提供了使用数组绑定样式的方式，可以直接在数组中写上样式的类名。

提示：如果不使用单引号包裹类名，其实代表的还是一个变量的名称，会出现错误信息。

【例 9.1】 class 数组语法（源代码\ch09\9.1.html）。

```
<style>
    .static{
        color: white;
    }
    .class1{
        background: #79FF79;
        font-size: 20px;
        text-align: center;
        line-height: 100px;
    }
    .class2{
        width: 400px;
```

```
        height: 100px;
    }
</style>
<div id="app">
    <div class="static" v-bind:class="['class1','class2']">{{date}}</div>
</div>
<!--引入 Vue 文件-->
<script src="https://unpkg.com/vue@next"></script>
<script>
    //创建一个应用程序实例
    const vm= Vue.createApp({
        //该函数返回数据对象
        data(){
            return{
                date:"从军玉门道，逐虏金微山。"
            }
        }
        //在指定的 DOM 元素上装载应用程序实例的根组件
    }).mount('#app');
</script>
```

在 Chrome 浏览器中运行程序，打开控制台，可以看到文字渲染的样式，如图 9-1 所示。

图 9-1　数组语法渲染结果

如果想要以变量的方式定义样式，就需要先定义这个变量。示例中的样式与上例样式相同。

```
<div id="app">
    <div class="static" v-bind:class="[Class1,Class2]">{{date}}</div>
</div>
<script>
    //创建一个应用程序实例
    const vm= Vue.createApp({
        //该函数返回数据对象
        data(){
            return{
                date:'从军玉门道，逐虏金微山。',
                Class1:'class1',
                Class2:'class2'
            }
        }
```

```
    //在指定的 DOM 元素上装载应用程序实例的根组件
    }).mount('#app');
</script>
```

在数组语法中，还可以使用对象语法根据值的真假来控制样式是否使用。

```
<div id="app">
    <div class="static" v-bind:class="[{class1:boole}, 'class2']">{{date}}</div>
</div>
<script>
    //创建一个应用程序实例
    const vm= Vue.createApp({
        //该函数返回数据对象
        data(){
          return{
            date:'从军玉门道，逐虏金微山。',
            boole:true
            }
        }
    //在指定的 DOM 元素上装载应用程序实例的根组件
    }).mount('#app');
</script>
```

在 Chrome 浏览器中运行程序，渲染结果和上面的示例相同（见图 9-1）。

9.1.2 对象语法

前面提到，在数组中可以使用对象的形式来设置样式，在 Vue 中也可以直接使用对象的形式来设置样式。对象的属性为样式的类名，value 则为 true 或者 false，当值为 true 时显示样式。由于对象的属性可以带引号，也可以不带引号，因此属性按照自己的习惯写法就可以了。

【例 9.2】 Class 对象语法（源代码\ch09\9.2.html）。

```
<style>
    .static{
        color: white;
    }
    .class1{
        background: #97CBFF;
        font-size: 20px;
        text-align: center;
        line-height: 100px;
    }
    .class2{
        width: 200px;
        height: 100px;
    }
</style>
<div id="app">
    <div class="static" v-bind:class="{ class1: boole1, 'class2':
boole2">{{date}}</div>
</div>
<!--引入 Vue 文件-->
<script src="https://unpkg.com/vue@next"></script>
```

```
<script>
    //创建一个应用程序实例
    const vm= Vue.createApp({
        //该函数返回数据对象
        data(){
          return{
                boole1: true,
                boole2: true,
                date:"红藕香残玉簟秋"
            }
        }
    //在指定的 DOM 元素上装载应用程序实例的根组件
    }).mount('#app');
</script>
```

在 Chrome 浏览器中运行程序，打开控制台，可以看到渲染的结果，如图 9-2 所示。

图 9-2　Class 对象语法

当 class1 或 class2 变化时，class 列表将相应地更新。例如，class2 的值变更为 false，代码如下。

【例 9.3】　class2 的值变更为 false（源代码\ch09\9.3.html）。

```
<script>
    //创建一个应用程序实例
    const vm= Vue.createApp({
        //该函数返回数据对象
        data(){
          return{
                boole1: true,
                boole2: false,
                date:"红藕香残玉簟秋"
            }
        }
    //在指定的 DOM 元素上装载应用程序实例的根组件
    }).mount('#app');
</script>
```

在 Chrome 浏览器中运行程序，打开控制台，可以看到渲染的结果，如图 9-3 所示。

图 9-3　渲染结果

当对象中的属性过多时，如果还是全部写到元素上，势必会显得比较烦琐。这时可以在元素上只写对象变量，在 Vue 实例中进行定义。

【例 9.4】　在元素上只写对象变量（源代码\ch09\9.4.html）。

```
<style>
    .static{
        color: white;
    }
    .class1{
        background: #5151A2;
        font-size: 20px;
        text-align: center;
        line-height: 100px;
    }
    .class2{
        width: 300px;
        height: 100px;
    }
</style>
<div id="app">
    <div class="static" v-bind:class="objStyle">{{date}}</div>
</div>
<!--引入 Vue 文件-->
<script src="https://unpkg.com/vue@next"></script>
<script>
    //创建一个应用程序实例
    const vm= Vue.createApp({
        //该函数返回数据对象
        data(){
         return{
           date:"竹色溪下绿，荷花镜里香。",
           objStyle:{
               class1: true,
               class2: true
          }
         }
        }
```

```
    //在指定的 DOM 元素上装载应用程序实例的根组件
    })).mount('#app');
</script
```

在 Chrome 浏览器中运行程序，渲染的结果如图 9-4 所示。

图 9-4　对象语法效果

也可以绑定一个返回对象的计算属性，这是一个常用且强大的模式，示例代码如下：

```
<div id="app">
    <div class="static" v-bind:class="classObject">{{date}}</div>
</div>
<!--引入 Vue 文件-->
<script src="https://unpkg.com/vue@next"></script>
<script>
    //创建一个应用程序实例
    const vm= Vue.createApp({
        //该函数返回数据对象
        data(){
          return{
            date:"竹色溪下绿，荷花镜里香。",
            boole1: true,
            boole2: true
            }
          },
        computed: {
            classObject: function () {
                return {
                    class1:this.boole1,
                    'class2':this.boole2
                }
            }
        }
    //在指定的 DOM 元素上装载应用程序实例的根组件
    })).mount('#app');
</script
```

在 Chrome 浏览器中运行程序，渲染的结果和上面的示例相同（见图 9-4）。

9.1.3 在组件上使用 class 属性

当在一个自定义组件上使用 class 属性时，这些类将被添加到该组件的根元素上，这个元素上已经存在的类不会被覆盖。

例如，声明组件 my-component 如下：

```
Vue.component('my-component', {
    template: '<p class="class1 class2">Hello</p>'
})
```

然后在使用它的时候添加一些 class 样式 style3 和 style4：

```
<my-component class=" class3 class4"></my-component>
```

HTML 将被渲染为：

```
<p class=" class1 class2 class3 class4">Hello</p>
```

对于带数据绑定的 class 也同样适用：

```
<my-component v-bind:class="{ class5: isActive }"></my-component>
```

当 isActive 为 Truthy 时，HTML 将被渲染为：

```
<p class=" class1 class2 class5">Hello</p>
```

提示：在JavaScript中，Truthy（真值）指的是在布尔值上下文中转换后的值为真的值。所有值都是真值，除非它们被定义为falsy（除了false、0、""、null、undefined和NaN外）。

9.2 绑定内联样式（style）

内联样式是将 CSS 样式编写到元素的 style 属性中。

9.2.1 对象语法

与使用属性为元素设置 class 样式相同，在 Vue 中也可以使用对象的方式为元素设置 style 样式。

v-bind:style 的对象语法十分直观，看着非常像 CSS，但其实是一个 JavaScript 对象。CSS 属性名可以用驼峰式（camelCase）或短横线分隔（kebab-case，记得用引号包裹起来）来命名。

【例 9.5】 style 对象语法（源代码\ch09\9.5.html）。

```
<div id="app">
    <div v-bind:style="{color:'blue',fontSize:'30',border:'1px solid red'}">辞君向
天姥，拂石卧秋霜。</div>
</div>
<!--引入 Vue 文件-->
<script src="https://unpkg.com/vue@next"></script>
<script>
    //创建一个应用程序实例
```

```
        const vm= Vue.createApp({ }).mount('#app');
</script>
```

在 Chrome 浏览器中运行程序,打开控制台,渲染结果如图 9-5 所示。

图 9-5 style 对象语法

也可以在 Vue 实例对象中定义属性,用来代替样式属性,例如下面的示例代码:

```
<div id="app">
    <div v-bind:style="{color:styleColor,fontSize:fontSize+'px',
border:styleBorder}">style 对象语法</div>
</div>
<!--引入 Vue 文件-->
<script src="https://unpkg.com/vue@next"></script>
<script>
    //创建一个应用程序实例
    const vm= Vue.createApp({
        //该函数返回数据对象
        data(){
          return{
            styleColor: 'blue',
            fontSize: 30,
            styleBorder: '1px solid red'
          }
        }
    //在指定的 DOM 元素上装载应用程序实例的根组件
    }).mount('#app');
</script>
```

在浏览器中的运行效果和上例相同(见图 9-5)。

同样地,可以直接绑定一个样式对象变量,这样的代码看起来更简洁美观。

```
<div id="app">
    <div v-bind:style="styleObject">style 对象语法</div>
</div>
<!--引入 Vue 文件-->
<script src="https://unpkg.com/vue@next"></script>
<script>
    //创建一个应用程序实例
    const vm= Vue.createApp({
        //该函数返回数据对象
```

```
    data(){
      return{
        styleObject: {
            color: 'blue',
            fontSize: '30px',
            border: '1px solid red'
        }
      }
    }
    //在指定的 DOM 元素上装载应用程序实例的根组件
    }).mount('#app');
</script>
```

在浏览器中运行，打开控制台，渲染结果和上面的示例相同（见图 9-5）。

同样地，对象语法常结合返回对象的计算属性使用。

```
<div id="app">
    <div v-bind:style="styleObject">夜月一帘幽梦，春风十里柔情。</div>
</div>
<!--引入 Vue 文件-->
<script src="https://unpkg.com/vue@next"></script>
<script>
    //创建一个应用程序实例
    const vm= Vue.createApp({
        //计算属性
        computed:{
            styleObject:function(){
                return {
                    color: 'blue',
                    fontSize: '30px'
                }
            }
        }
    //在指定的 DOM 元素上装载应用程序实例的根组件
    }).mount('#app');
</script>
```

在 Chrome 浏览器中运行程序，渲染的结果如图 9-6 所示。

图 9-6 style 对象语法

9.2.2　数组语法

v-bind:style 的数组语法可以将多个样式对象应用到同一个元素上，样式对象可以是 data 中定义的样式对象和计算属性中 return 的对象。

【例 9.6】　style 数组语法（源代码\ch09\9.6.html）。

```
<div id="app">
    <div v-bind:style="[styleObject1,styleObject2]">style 数组语法</div>
</div>
<!--引入 Vue 文件-->
<script src="https://unpkg.com/vue@next"></script>
<script>
    //创建一个应用程序实例
    const vm= Vue.createApp({
        //该函数返回数据对象
        data(){
          return{
            styleObject1: {
                color: 'red',
                fontSize: '40px'
            }
          }
        },
        //计算属性
        computed:{
            styleObject2:function(){
                return {
                    border: '1px solid blue',
                    padding: '30px',
                    textAlign:'center'
                }
            }
        }
    }
    //在指定的 DOM 元素上装载应用程序实例的根组件
    }).mount('#app');
</script>
```

在 Chrome 浏览器中运行程序，打开控制台，渲染结果如图 9-7 所示。

图 9-7　style 数组语法

提示：当 v-bind:style 使用需要添加浏览器引擎前缀的 CSS 属性时，比如 transform，Vue.js 会自动侦测并添加相应的前缀。

9.3 综合案例——设计隔行变色的商品表

该案例主要是设计隔行变色的商品表，针对奇偶行应用不同的样式，然后通过 v-for 指令循环输出表格中的商品数据。

【例 9.7】 style 数组语法（源代码\ch09\9.7.html）。

```html
<!DOCTYPE html>
<html>
<head>
<meta charset="UTF-8">
<title>隔行变色的商品表</title>
<style>
    body {
        width: 600px;
    }
    table {
        border: 2px solid black;
    }
    table {
        width: 100%;
    }
    th {
        height: 50px;
    }
    th, td {
        border-bottom: 1px solid black;
        text-align: center;
    }
     [v-cloak] {
        display: none;
    }
    .even {
        background-color: #7AFEC6;
    }
</style>
</head>
<body>
    <div id = "app" v-cloak>
      <table>
      <tr>
          <th>编号</th>
          <th>名称</th>
          <th>库存</th>
          <th>价格</th>
          <th>产地</th>
      </tr>
      <tr v-for="(goods, index) in goodss"
```

```
                    :key="goods.id" :class="{even : (index+1) % 2 === 0}">
                <td>{{ goods.id }}</td>
                <td>{{ goods.title }}</td>
                <td>{{ goods.num }}</td>
                <td>{{ goods.price }}</td>
                <td>{{ goods.city }}</td>
            </tr>
    </table>
</div>
<script src="https://unpkg.com/vue@next"></script>
<script>
    const vm = Vue.createApp({
        data() {
        return {
            goodss: [{
                id: 1,
                title: '洗衣机',
                num: '2800 台',
                price: 188,
                city: '北京'
            },
            {
                id: 2,
                title: '电视机',
                num: '2600 台',
                price: 188,
                city: '广州'
            },
            {
                id: 3,
                title: '冰箱',
                num: '5400 台',
                price: 188,
                city: '上海'
            },
            {
                id: 4,
                title: '空调',
                num: '1800 台',
                price: 188,
                city: '北京'
            }
            ]
            }
        },
        methods: {
            deleteItem(index){
                this.goodss.splice(index, 1);
            }
        }
    }).mount('#app');
</script>
</body>
</html>
```

在 Chrome 浏览器中运行程序，效果如图 9-8 所示。

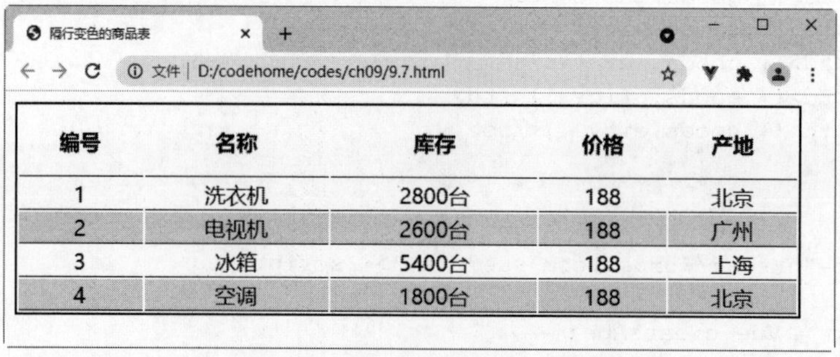

编号	名称	库存	价格	产地
1	洗衣机	2800台	188	北京
2	电视机	2600台	188	广州
3	冰箱	5400台	188	上海
4	空调	1800台	188	北京

图 9-8　隔行变色的商品表

9.4 疑难解惑

疑问 1：Vue.js 如何处理浏览器不支持的样式属性？

CSS 3 中的一些样式属性并不被所有的浏览器所支持，比如 transform 属性，该属性可以对网页元素进行旋转、缩放、移动或倾斜操作。在应用这些属性时，针对不同的浏览器，需要添加该浏览器的内核引擎前缀。而 Vue.js 会自动侦测这些属性并添加前缀，非常方便。

疑问 2：可以为 style 绑定中的属性提供多个值吗？

从 Vue.js 2.3.0 版本开始，用户可以为 style 绑定的属性提供一个包含多个值的数组，这常用于提供多个带前缀的值。例如：

```
<div :style="{display:[ '-webkit-box', '-ms-flexbox, 'flex']}"></div>
```

上述代码只会渲染数组中最后一个被浏览器支持的值。

第10章

表单输入绑定

对于 Vue 来说，使用 v-bind 并不能解决表单域对象双向绑定的需求。所谓双向绑定，就是无论是通过 input 还是通过 Vue 对象，都能修改绑定的数据对象的值。Vue 提供了 v-model 进行双向绑定。本章将重点讲解表单域对象的双向绑定方法和技巧。

10.1　实现双向数据绑定

对于数据的绑定，无论是使用插值表达式（{{}}）还是 v-text 指令，对于数据间的交互都是单向的，只能将 Vue 实例中的值传递给页面，页面对数据值的任何操作都无法传递给 model。

MVVM 模式最重要的一个特性，可以说实现了数据的双向绑定，而 Vue 作为一个 MVVM 框架，肯定也实现了数据的双向绑定。在 Vue 中使用内置的 v-model 指令完成数据在 View 与 Model 间的双向绑定。

可以用 v-model 指令在表单的<input>、<textarea>及<select>元素上创建双向数据绑定。它会根据控件类型自动选取正确的方法来更新元素。尽管有些神奇，但 v-model 本质上不过是语法糖。它负责监听用户的输入事件以更新数据，并对一些极端场景进行特殊处理。

v-model 会忽略所有表单元素的 value、checked、selected 特性的初始值，而总是将 Vue 实例的数据作为数据来源。这里应该通过 JavaScript 在组件的 data 选项中声明初始值。

10.2　单行文本输入框

下面讲解常见的单行文本输入框的数据双向绑定。

【例 10.1】　绑定单行文本输入框（源代码\ch10\10.1.html）。

```
<div id="app">
    <input type="text" v-model="message" value="hello world">
    <p>{{message}}</p>
</div>
<!--引入 Vue 文件-->
<script src="https://unpkg.com/vue@next"></script>
<script>
    //创建一个应用程序实例
    const vm= Vue.createApp({
        //该函数返回数据对象
        data(){
          return{
            message:"红罗袖里分明见"
           }
        }
        //在指定的 DOM 元素上装载应用程序实例的根组件
    }).mount('#app');
</script>
```

在 Chrome 浏览器中运行程序，效果如图 10-1 所示；在输入框中输入"白玉盘中看却无"，可以看到下面的内容也发生了变化，如图 10-2 所示。

图 10-1　页面初始化效果　　　　　　　　　　　图 10-2　变更后效果

10.3　多行文本输入框

本节演示在多行文本输入框 textarea 标签中绑定 message 属性。

【例 10.2】　绑定多行文本输入框（源代码\ch10\10.2.html）。

```
<div id="app">
    <p>{{message}}</p>
    <textarea v-model="message"></textarea>
</div>
<!--引入 Vue 文件-->
<script src="https://unpkg.com/vue@next"></script>
<script>
    //创建一个应用程序实例
    const vm= Vue.createApp({
        //该函数返回数据对象
        data(){
```

```
        return{
          message:"轻衣软履步江沙"
        }
     }
   //在指定的 DOM 元素上装载应用程序实例的根组件
   }).mount('#app');
</script>
```

在 Chrome 浏览器中运行程序,效果如图 10-3 所示;在 textarea 标签中输入多行文本,效果如图 10-4 所示。

图 10-3 页面初始化效果

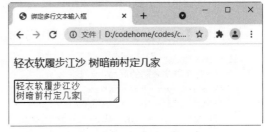

图 10-4 绑定多行文本输入框

10.4 复 选 框

复选框单独使用时,绑定的是布尔值,选中则值为 true,未选中则值为 false。示例代码如下。

【例 10.3】 绑定单个复选框(源代码\ch10\10.3.html)。

```
<div id="app">
    <input type="checkbox" id="checkbox" v-model="checked">
    <label for="checkbox">{{ checked }}</label>
</div>
<!--引入 Vue 文件-->
<script src="https://unpkg.com/vue@next"></script>
<script>
    //创建一个应用程序实例
    const vm= Vue.createApp({
        //该函数返回数据对象
        data(){
          return{
            //默认值为 false
            checked:false
          }
        }
    //在指定的 DOM 元素上装载应用程序实例的根组件
    }).mount('#app');
</script>
```

在 Chrome 浏览器中运行程序,效果如图 10-5 所示;当选中复选框后,checked 的值变为 true,效果如图 10-6 所示。

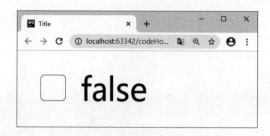

图 10-5　页面初始化效果

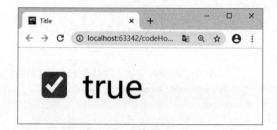

图 10-6　选中效果

将多个复选框绑定到同一个数组，被选中的复选框添加到数组中。示例代码如下。

【例 10.4】　绑定多个复选框（源代码\ch10\10.4.html）。

```html
<div id="app">
    <p>选择需要采购的商品：</p>
    <input type="checkbox" id="name1" value="洗衣机" v-model="checkedNames">
    <label for="name1">洗衣机</label>
    <input type="checkbox" id="name2" value="冰箱" v-model="checkedNames">
    <label for="name2">冰箱</label>
    <input type="checkbox" id="name3" value="电视机" v-model="checkedNames">
    <label for="name3">电视机</label>
    <input type="checkbox" id="name4" value="空调" v-model="checkedNames">
    <label for="name4">空调</label>
    <p><span>选中的商品:{{ checkedNames }}</span></p>
</div>
<!--引入 Vue 文件-->
<script src="https://unpkg.com/vue@next"></script>
<script>
    //创建一个应用程序实例
    const vm= Vue.createApp({
        //该函数返回数据对象
        data(){
          return{
            checkedNames: []    //定义空数组
            }
        }
    //在指定的 DOM 元素上装载应用程序实例的根组件
    }).mount('#app');
</script>
```

在 Chrome 浏览器中运行程序，选择多个复选框，选择的内容显示在数组中，如图 10-7 所示。

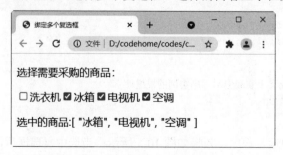

图 10-7　绑定多个复选框

10.5 单 选 按 钮

单选按钮一般都有多个条件可供选择，既然是单选按钮，自然希望实现互斥效果，这个效果可以使用 v-model 指令配合单选框的 value 来实现。

在例 10.5 中，多个单选框绑定到同一个数组，被选中的单选框添加到数组中。

【例 10.5】 绑定单选按钮（源代码\ch10\10.5.html）。

```html
<div id="app">
    <h3>请选择本次采购的商品（单选题）</h3>
    <input type="radio" id="one" value="A" v-model="picked">
    <label for="one">A.洗衣机</label><br/>
    <input type="radio" id="two" value="B" v-model="picked">
    <label for="two">B.冰箱</label><br/>
    <input type="radio" id="three" value="C" v-model="picked">
    <label for="three">C.空调</label><br/>
    <input type="radio" id="four" value="D" v-model="picked">
    <label for="four">D. 电视机</label>
    <p><span>选择: {{ picked }}</span></p>
</div>
<!--引入Vue文件-->
<script src="https://unpkg.com/vue@next"></script>
<script>
    //创建一个应用程序实例
    const vm= Vue.createApp({
        //该函数返回数据对象
        data(){
          return{
           picked: ''
           }
         }
    //在指定的 DOM 元素上装载应用程序实例的根组件
    }).mount('#app');
</script>
```

在 Chrome 浏览器中运行程序，单击"D.电视机"单选按钮，效果如图 10-8 所示。

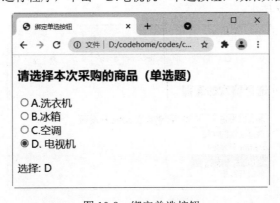

图 10-8 绑定单选按钮

10.6 选 择 框

本节将详细讲述如何绑定单选框、多选框和用 v-for 渲染的动态选项。

1. 单选框

不需要为<select>标签添加任何属性，即可实现单选。示例如下。

【例 10.6】 绑定单选框（源代码\ch10\10.6.html）。

```
<div id="app">
    <h3>选择喜欢的课程</h3>
    <select v-model="selected">
        <option disabled value="">选择喜欢的课程</option>
        <option>Python 开发班</option>
        <option>Java 开发班</option>
        <option>前端开发班</option>
    </select>
    <span>选择的课程：{{ selected }}</span>
</div>
<!--引入 Vue 文件-->
<script src="https://unpkg.com/vue@next"></script>
<script>
    //创建一个应用程序实例
    const vm= Vue.createApp({
        //该函数返回数据对象
        data(){
          return{
            selected: ' '
            }
        }
    //在指定的 DOM 元素上装载应用程序实例的根组件
    }).mount('#app');
</script>
```

在 Chrome 浏览器中运行程序，在下拉选项中选择"Java 开发班"，选择结果中也变成了"Java 开发班"，效果如图 10-9 所示。

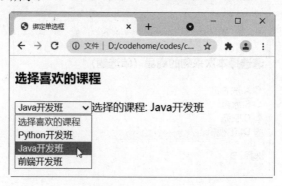

图 10-9　绑定单选框

提示：如果 v-model 表达式的初始值未能匹配任何选项，<select>元素将被渲染为"未选中"状态。

2. 多选框（绑定到一个数组）

为<select>标签添加 multiple 属性，即可实现多选。示例如下。

【例 10.7】　绑定多选框（源代码\ch10\10.7.html）。

```
<div id="app">
    <h3>请选择您喜欢的课程</h3>
    <select v-model="selected" multiple style="height: 100px">
        <option disabled value="">可以选择的课程如下</option>
        <option>Java 开发班</option>
        <option>Python 开发班</option>
        <option>前端开发班</option>
        <option>PHP 开发班</option>
    </select><br/>
    <span>选择的课程: {{ selected }}</span>
</div>
<!--引入 Vue 文件-->
<script src="https://unpkg.com/vue@next"></script>
<script>
    //创建一个应用程序实例
    const vm= Vue.createApp({
        //该函数返回数据对象
        data(){
          return{
           selected: []
            }
        }
    //在指定的 DOM 元素上装载应用程序实例的根组件
    }).mount('#app');
</script>
```

在 Chrome 浏览器中运行程序，按住 Ctrl 键可以选择多个选项，效果如图 10-10 所示。

图 10-10　绑定多选框

3. 用 v-for 渲染的动态选项

在实际应用场景中，<select>标签中的<option>一般是通过 v-for 指令动态输出的，其中每一项的 value 或 text 都可以使用 v-bind 动态输出。

【例 10.8】 用 v-for 渲染的动态选项（源代码\ch10\10.8.html）。

```
<div id="app">
    <h3>请选择您喜欢的课程</h3>
    <select v-model="selected">
        <option v-for="option in options"
v-bind:value="option.value">{{option.text}}</option>
    </select>
    <span>选择的课程：{{ selected }}</span>
</div>
<!--引入 Vue 文件-->
<script src="https://unpkg.com/vue@next"></script>
<script>
    //创建一个应用程序实例
    const vm = Vue.createApp({
        //该函数返回数据对象
        data(){
          return{
           selected: [],
            options:[
                { text: '课程 1', value: 'Java 开发班' },
                { text: '课程 2', value: 'Python 开发班' },
                { text: '课程 3', value: '前端开发班' }
            ]
          }
        }
    }).mount('#app');
</script>
```

在 Chrome 浏览器中运行程序，然后在选择框中选择"课程 2"，将会显示它对应的 value 值，效果如图 10-11 所示。

图 10-11　v-for 渲染的动态选项

10.7 值　绑　定

对于单选按钮、复选框及选择框的选项，v-model 绑定的值通常是静态字符串（对于复选框也可以是布尔值）。但是，有时可能想把值绑定到 Vue 实例的一个动态属性上，这种情况可以用 v-bind 实现，并且这个属性的值可以不是字符串。

10.7.1　复选框

在下面的示例中，true-value 和 false-value 的特性并不会影响输入控件的 value 特性，因为浏览器在提交表单时并不会包含未被选中的复选框。如果要确保表单中这两个值中的一个能够被提交，比如"yes"或"no"，则需要换用单选按钮。

【例 10.9】　动态绑定复选框（源代码\ch10\10.9.html）。

```
<div id="app">
    <input type="checkbox" v-model="toggle" true-value="yes" false-value="no">
    <span>{{toggle}}</span>
</div>
<!--引入 Vue 文件-->
<script src="https://unpkg.com/vue@next"></script>
<script>
    //创建一个应用程序实例
    const vm = Vue.createApp({
        //该函数返回数据对象
        data(){
          return{
            toggle:'false'
          }
        }
    }).mount('#app');
</script>
```

在 Chrome 浏览器中运行程序，默认状态效果如图 10-12 所示，选择复选框的状态效果如图 10-13 所示。

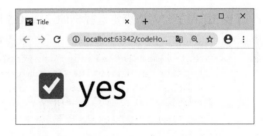

图 10-12　选中效果　　　　　　　　　图 10-13　选择复选框的状态

10.7.2　单选框

首先为单选按钮绑定一个属性 date，定义属性值为"洗衣机"；然后使用 v-model 指令为单选按钮绑定 pick 属性，当单选按钮被选中后，pick 的值等于 a 的属性值。

【例 10.10】　动态绑定单选框的值（源代码\ch10\10.10.html）。

```
<div id="app">
    <input type="radio"  v-model="pick" v-bind:value="date">
    <span>{{ pick}}</span>
</div>
<!--引入 Vue 文件-->
```

```
<script src="https://unpkg.com/vue@next"></script>
<script>
    //创建一个应用程序实例
    const vm = Vue.createApp({
        //该函数返回数据对象
        data(){
          return{
            date:'洗衣机 ',
            pick:'未选择'
          }
        }
    }).mount('#app');
</script>
```

在 Chrome 浏览器中运行程序，页面如图 10-14 所示；选中"洗衣机"单选按钮，将显示其 value 值，效果如图 10-15 所示。

图 10-14 单选框未选中效果   图 10-15 单选框选中效果

10.7.3 选择框的选项

在下面的示例中，定义了 4 个 option 选项，并使用 v-bind 进行绑定。

【例 10.11】 动态绑定选择框的选项（源代码\ch10\10.11.html）。

```
<div id="app">
    <select v-model="selected" multiple>
        <option v-bind:value="{ number: 100 }">A</option>
        <option v-bind:value="{ number: 200 }">B</option>
        <option v-bind:value="{ number: 300 }">C</option>
        <option v-bind:value="{ number: 400 }">D</option>
    </select>
    <p><span>{{ selected }}</span></p>
</div>
<!--引入 Vue 文件-->
<script src="https://unpkg.com/vue@next"></script>
<script>
    //创建一个应用程序实例
    const vm = Vue.createApp({
        //该函数返回数据对象
        data(){
          return{
            selected:[]
          }
        }
    }).mount('#app');
</script>
```

在 Chrome 浏览器中运行程序，选中 C 和 D 选项，在 p 标签中将显示相应的 number 值，如图 10-16 所示。

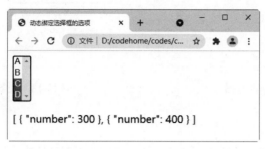

图 10-16　动态绑定选择框的选项

10.8　修　饰　符

对于 v-model 指令，还有 3 个常用的修饰符：lazy、number 和 trim。下面分别进行介绍。

10.8.1　lazy

在输入框中，v-model 默认是同步数据，使用 lazy 会转变为在 change 事件中同步，也就是在失去焦点或者按回车键时才更新。

【例 10.12】　lazy 修饰符（源代码\ch10\10.12.html）。

```
<div id="app">
    <input v-model.lazy="message">
    <p>{{ message }}</p>
</div>
<!--引入 Vue 文件-->
<script src="https://unpkg.com/vue@next"></script>
<script>
    //创建一个应用程序实例
    const vm= Vue.createApp({
        //该函数返回数据对象
        data(){
          return{
            message:'',
          }
        }
    //在指定的 DOM 元素上装载应用程序实例的根组件
    }).mount('#app');
</script>
```

在 Chrome 浏览器中运行程序，输入"回看天际下中流"，如图 10-17 所示；失去焦点或者按回车键后同步数据，结果如图 10-18 所示。

图 10-17 输入数据   图 10-18 失去焦点后同步数据

10.8.2 number

number 修饰符可以将输入的值转化为 Number 类型，否则虽然输入的是数字，但它的类型其实是 String。number 修饰符在数字输入框中比较有用。

如果想自动将用户的输入值转为数值类型，可以给 v-model 添加 number 修饰符。

这通常很有用，因为即使在 type="number"时，HTML 输入元素的值也总会返回字符串。如果这个值无法被 parseFloat()解析，则会返回原始的值。

【例 10.13】 number 修饰符（源代码\ch10\10.13.html）。

```html
<div id="app">
    <p>.number 修饰符</p>
    <input type="number" v-model.number="val">
    <p>数据类型是：{{ typeof(val) }}</p>
</div>
<!--引入 Vue 文件-->
<script src="https://unpkg.com/vue@next"></script>
<script>
    //创建一个应用程序实例
    const vm= Vue.createApp({
        //该函数返回数据对象
        data(){
          return{
            val:''
          }
        }
    //在指定的 DOM 元素上装载应用程序实例的根组件
    }).mount('#app');
</script>
```

在 Chrome 浏览器中运行程序，输入"1679"，由于使用了 number 修饰符，因此显示的数据类型为 number，如图 10-19 所示。

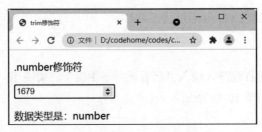

图 10-19 number 修饰符

10.8.3　trim

如果要自动过滤用户输入的首尾空格，可以给 v-model 添加 trim 修饰符。示例如下。

【例 10.14】　trim 修饰符（源代码\ch10\10.14.html）。

```
<div id="app">
    <p>.trim 修饰符</p>
    <input type="text" v-model.trim="val">
    <p>val 的长度是：{{ val.length }}</p>
</div>
<!--引入 Vue 文件-->
<script src="https://unpkg.com/vue@next"></script>
<script>
    //创建一个应用程序实例
    const vm= Vue.createApp({
        //该函数返回数据对象
        data(){
            return{
                val:''
            }
        }
        //在指定的 DOM 元素上装载应用程序实例的根组件
    }).mount('#app');
</script>
```

在 Chrome 浏览器中运行程序，在输入框中输入" 　apple18.6　 "，其前后设置了许多空格，可以看到 val 的长度为 9，不会因为添加空格而改变 val，效果如图 10-20 所示。

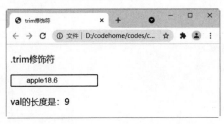

图 10-20　trim 修饰符

10.9　综合案例——设计用户注册页面

使用 Vue 设计用户注册页面比较简单。通过使用 v-model 指令对表单数据自动收集，可以轻松实现表单输入和应用状态之间的双向绑定。

【例 10.15】　设计用户注册页面（源代码\ch10\10.15.html）。

```
<div  id="app">
    <form @submit.prevent="handleSubmit">
        <span>用户名称：</span>
        <input type="text" v-model="user.userName"><br>
```

```html
        <span>用户密码:</span>
        <input type="password" v-model="user.pwd"><br>
        <span>性别:</span>
        <input type="radio" id="female" value="female" v-model="user.gender">
        <label for="female">女</label>
        <input type="radio" id="male" value="male" v-model="user.gender">
        <label for="male">男</label><br>
        <span>喜欢的技术: </span>
        <input type="checkbox" id="basketball" value="basketball"
v-model="user.hobbys">
        <label for="basketball">Java 开发</label>
        <input type="checkbox" id="football" value="football"
v-model="user.hobbys">
        <label for="football">Python 开发</label>
        <input type="checkbox" id="pingpang" value="pingpang"
v-model="user.hobbys">
        <label for="pingpang">PHP 开发</label><br>
        <span>就业城市: </span>
        <select v-model="user.selCityId">
            <option value="">未选择</option>
            <option v-for="city in citys" :value="city.id">{{city.name}}</option>
        </select><br>
        <span>介绍:</span><br>
        <textarea rows="5" cols="30" v-model="user.desc"></textarea><br>
        <input type="submit" value="注册">
    </form>
</div>
<!--引入 Vue 文件-->
<script src="https://unpkg.com/vue@next"></script>
<script>
    //创建一个应用程序实例
    const vm= Vue.createApp({
        //该函数返回数据对象
        data(){
          return{
            user:{
                userName:'',
                pwd:'',
                gender:'female',
                hobbys:[],
                selCityId:'',
                desc:''
            },
            citys:[{id:01,name:"北京"},{id:02,name:"上海"},{id:03,name:"广州"}],
          }
        },
        methods:{
            handleSubmit(event){
                console.log(JSON.stringify(this.user));
            }
        }
    //在指定的 DOM 元素上装载应用程序实例的根组件
    }).mount('#app');
</script>
```

在 Chrome 浏览器中运行程序，输入注册的信息后单击"注册"按钮，按 F12 键打开控制台并切换到 Console 选项，可以看到用户的注册信息，如图 10-21 所示。

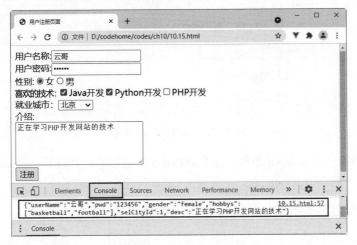

图 10-21　设计用户注册页面

10.10　疑 难 解 惑

疑问 1：Vue 中的标签怎么绑定事件？

Vue 中利用 v-model 进行表单数据的双向绑定，具体做了两个操作：

（1）v-bind 绑定了一个 value 的属性。
（2）利用 v-on 把当前的元素绑定到一个事件上。

例如下面的代码：

```
<div id="app">
    <!--绑定 value 属性，input 绑定到 oninput 事件上-->
    <input v-model:value="inputValue" v-on:input="inputValue=$event.target.value">
    <p>----{{inputValue}}----</p>
</div>
<!--引入 Vue 文件-->
<script src="https://unpkg.com/vue@next"></script>
<script>
    //创建一个应用程序实例
    const vm= Vue.createApp({
        //该函数返回数据对象
        data(){
          return{
              inputValue:""
          }
        }
    //在指定的 DOM 元素上装载应用程序实例的根组件
    }).mount('#app');
</script>
```

在浏览器中运行，效果如图 10-22 所示。

图 10-22　数据的双向绑定

input 元素本身有一个 oninput 事件，这是 HTML5 新增加的，类似于 onchange，每当输入框中的内容发生变化时，就会触发 oninput，把最新的 value 传递给 inputValue。

疑问 2：如何使用 v-model 指令在表单上实现数据的双向绑定？

表单元素可以与用户进行交互，所以可以使用 v-model 指令在表单控件或者组件上创建双向绑定。

v-model 其实相当于把 Vue 中的属性绑定到元素（input）上，如果该数据的属性有值，则值会显示到 input 中，同时元素中输入的内容也决定了 Vue 中的属性值。

v-model 在内部为不同的输入元素提供不同的属性并抛出不同的事件：

（1）text 和 textarea 元素使用 value 属性和 input 事件。

（2）checkbox 和 radio 元素使用 checked 属性和 change 事件。

（3）select 字段将 value 作为 prop 并将 change 作为事件。

第 11 章

组件和组合 API

在前端应用程序开发中，如果所有的实例都写在一起，必然会导致代码既长又不好理解。组件解决了这个问题，它是带有名字的可复用实例，不仅可以重复使用，还可以扩展。组件是 Vue.js 的核心功能。组件可以将一些相似的业务逻辑进行封装，重用一些代码，从而达到简化代码的目的。另外，Vue.js 3.x 新增了组合 API，它是一组附加的、基于函数的 API，允许灵活地组合组件逻辑。本章将重点学习组件和组合 API 的使用方法和技巧。

11.1　组件是什么

组件是 Vue 中的一个重要概念，它是一种抽象，是一个可以复用的 Vue 实例。它拥有独一无二的组件名称，可以扩展 HTML 元素，以组件名称的方式作为自定义的 HTML 标签。

大多数的系统网页都包含 header、body、footer 等部分，很多情况下，同一个系统中的多个页面可能仅是页面中 body 部分显示的内容不同，因此，可以将系统中重复出现的页面元素设计成一个个组件，当需要使用的时候，引用这个组件即可。

在为组件命名的时候，需要使用多个单词的组合，例如组件名称可以命名为 todo-item、todo-list。但 Vue 中的内置组件例外，不需要使用单词的组合，例如内置组件名称：App、\<transition\>和\<component\>。

这样做可以避免自定义组件的名称与现有的 Vue 内置组件名称以及未来的 HTML 元素相冲突，因为所有的 HTML 元素的名称都是单个单词。

11.2　组件的注册

在 Vue 中创建一个新的组件之后，为了能在模板中使用，这些组件必须先进行注册，以便 Vue 能够识别。在 Vue 中有两种组件的注册类型：全局注册和局部注册。

11.2.1　全局注册

全局注册组件使用应用程序实例的 component()方法来注册组件。该方法有两个参数，第一个参数是组件的名称，第二个参数是函数对象或者选项对象。语法格式如下：

```
app.component({string}name,{Function|Object} definition(optional))
```

因为组件最后会被解析成自定义的 HTML 代码，因此可以直接在 HTML 中使用组件名称作为标签来使用。全局注册组件示例如下。

【例 11.1】　全局注册组件（源代码\ch11\11.1.html）。

```html
<div id="app">
    <!--使用 my-component 组件-->
    <my-component></my-component>
</div>
<!--引入 Vue 文件-->
<script src="https://unpkg.com/vue@next"></script>
<script>
    //创建一个应用程序实例
     const vm= Vue.createApp({});
    vm.component('my-component', {
        data(){
          return{
            message:"红罗袖里分明见"
            }
        },
        template: `
           <div><h2>{{message}}</h2></div>`
        });
    //在指定的 DOM 元素上装载应用程序实例的根组件
    vm.mount('#app');
</script>
```

在 Chrome 浏览器中运行程序，按 F12 键打开控制台并切换到 Elements 选项，效果如图 11-1 所示。

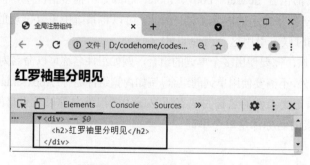

图 11-1　全局注册组件

从控制台中可以看到，自定义的组件已经被解析成了 HTML 元素。需要注意一个问题，当采用小驼峰（myCom）的方式命名组件时，在使用这个组件的时候，需要将大写字母改为小写字母，同时两个字母之间需要使用"-"进行连接，例如<my-com>。

11.2.2　局部注册

有些时候，注册的组件只想在一个 Vue 实例中使用，这时可以使用局部注册的方式注册组件。在 Vue 实例中，可以通过 components 选项注册仅在当前实例作用域下可用的组件。

【例 11.2】　局部注册组件（源代码\ch11\11.2.html）。

```html
<div id="app">
    库房还剩<button-counter></button-counter>台。
</div>
<!--引入 Vue 文件-->
<script src="https://unpkg.com/vue@next"></script>
<script>
    const MyComponent = {
        data() {
            return {
                num: 1000
            }
        },
        template:
                `<button v-on:click="num--">
                    {{ num }}
                </button>`
    }
    //创建一个应用程序实例
    const vm= Vue.createApp({
        components: {
            ButtonCounter: MyComponent
        }
    });
    //在指定的 DOM 元素上装载应用程序实例的根组件
    vm.mount('#app');
</script>
```

在 Chrome 浏览器中运行程序，单击数字按钮将会逐步递减数字，效果如图 11-2 所示。

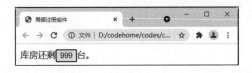

图 11-2　局部注册组件

11.3　使用 prop 向子组件传递数据

组件是当作自定义元素来使用的，而元素一般是有属性的，同样组件也可以有属性。在使用组件时，给元素设置属性，组件内部如何接收呢？首先需要在组件代码中注册一些自定义的属性，称为 prop，这些 prop 是在组件的 props 选项中定义的；之后，在使用组件时，就可以把这些 prop 的名字作为元素的属性名来使用，通过属性向组件传递数据，这些数据将作为组件实例的属性被使用。

11.3.1 prop 的基本用法

下面看一个示例，使用 prop 属性向子组件传递数据，这里传递"庭院深深深几许，云窗雾阁春迟。"，在子组件的 props 选项中接收 prop 属性，然后使用插值语法在模板中渲染 prop 属性。

【例 11.3】 使用 prop 属性向子组件传递数据（源代码\ch11\11.3.html）。

```html
<div id="app">
    <blog-content date-title="庭院深深深几许，云窗雾阁春迟。"></blog-content>
</div>
<!--引入 Vue 文件-->
<script src="https://unpkg.com/vue@next"></script>
<script>
    //创建一个应用程序实例
     const vm= Vue.createApp({});
    vm.component('blog-content', {
        props: ['dateTitle'],
        //date-title 就像 data 定义的数据属性一样
        template: '<h3>{{ dateTitle }}</h3>',
        //在该组件中可以使用 "this.dateTitle" 这种形式调用 prop 属性
        created(){
            console.log(this.dateTitle);
        }
      });
    //在指定的 DOM 元素上装载应用程序实例的根组件
    vm.mount('#app');
</script>
```

在 Chrome 浏览器中运行程序，效果如图 11-3 所示。

图 11-3 使用 prop 属性向子组件传递数据

提示：HTML 中的 attribute 名是不区分大小写的，所以浏览器会把所有大写字符解释为小写字符，prop 属性也适用这种规则。当使用 DOM 中的模板时，dateTitle（驼峰命名法）的 prop 名需要使用其等价的 date-title（短横线分隔命名）命名。

上面的示例中，使用 prop 属性向子组件传递了字符串值，还可以传递数字。这只是它的一个简单用法。通常情况下，可以使用 v-bind 来传递动态的值，传递数组和对象时也需要使用 v-bind 指令。修改上面的示例，在 Vue 实例中定义 title 属性，以传递到子组件中去。示例代码如下。

【例 11.4】 传递 title 属性到子组件（源代码\ch11\11.4.html）。

```html
<div id="app">
    <blog-content v-bind:date-title="content"></blog-content>
```

```
    </div>
    <!--引入 Vue 文件-->
    <script src="https://unpkg.com/vue@next"></script>
    <script>
        //创建一个应用程序实例
         const vm= Vue.createApp({
            //该函数返回数据对象
            data(){
              return{
                content:"玉瘦檀轻无限恨，南楼羌管休吹。"
               }
             }
        });
        vm.component('blog-content', {
            props: ['dateTitle'],
            template: '<h3>{{ dateTitle }}</h3>',
          });
        //在指定的 DOM 元素上装载应用程序实例的根组件
        vm.mount('#app');
    </script>
```

在 Chrome 浏览器中运行程序，效果如图 11-4 所示。

图 11-4　传递 title 属性到子组件

在上面的示例中，在 Vue 实例中向子组件中传递数据，通常情况下多用于组件向组件传递数据。下面的示例创建了两个组件，在页面中渲染其中一个组件，而在这个组件中使用另一个组件，并传递 title 属性。

【例 11.5】　组件之间传递数据（源代码\ch11\11.5.html）。

```
<div id="app">
    <!--使用 blog-content 组件-->
    <blog-content></blog-content>
</div>
<!--引入 Vue 文件-->
<script src="https://unpkg.com/vue@next"></script>
<script>
    //创建一个应用程序实例
    const vm= Vue.createApp({ });
    vm.component('blog-content', {
        // 使用 blog-title 组件，并传递 content
        template: '<div><blog-title v-bind:date-title="title"></blog-title>
</div>',
        data:function(){
            return{
                title:"明朝准拟南轩望，洗出庐山万丈青。"
            }
        }
```

```
    });
    vm.component('blog-title', {
        props: ['dateTitle'],
        template: '<h3>{{ dateTitle }}</h3>',
    });
    //在指定的 DOM 元素上装载应用程序实例的根组件
    vm.mount('#app');
</script>
```

在 Chrome 浏览器中运行程序，效果如图 11-5 所示。

图 11-5　组件之间传递数据

如果组件需要传递多个值，则可以定义多个 prop 属性。

【例 11.6】 传递多个值（源代码\ch11\11.6.html）。

```
<div id="app">
    <!--使用 blog-content 组件-->
    <blog-content></blog-content>
</div>
<!--引入 Vue 文件-->
<script src="https://unpkg.com/vue@next"></script>
<script>
    //创建一个应用程序实例
    const vm= Vue.createApp({ });
    vm.component('blog-content', {
        // 使用 blog-title 组件，并传递 content
        template: '<div><blog-title :name="name" :price="price" :num="num">
</blog-title></div>',
        data:function(){
            return{
                name:"苹果",
                price:"6.88 元",
               num:"2800 公斤"
            }
        }
    });
    vm.component('blog-title', {
        props: ['name','price','num'],
        template: '<ul><li>{{name}}</li><li>{{price}}</li><li>{{num}}</li></ul> ',
    });
    //在指定的 DOM 元素上装载应用程序实例的根组件
    vm.mount('#app');
</script>
```

在 Chrome 浏览器中运行程序，效果如图 11-6 所示。

图 11-6　传递多个值

从上面的示例可以看到，代码以字符串数组形式列出多个 prop 属性：

```
props: ['name','price','num'],
```

但是，通常希望每个 prop 属性都有指定的值类型。这时，可以以对象形式列出 prop，这些 property 的名称和值分别是 prop 各自的名称和类型，例如：

```
props: {
    name: String,
    price: String,
    num: String,
}
```

11.3.2　单向数据流

所有的 prop 属性传递数据都是单向的。父组件的 prop 属性的更新会向下流动到子组件中，但是反过来则不行。这样会防止从子组件意外变更父级组件的数据，从而导致应用的数据流向难以理解。

另外，每次父级组件发生变更时，子组件中所有的 prop 属性都将会刷新为最新的值。这意味着不应该在一个子组件内部改变 prop 属性。如果这样做，Vue 会在浏览器的控制台中发出警告。

有两种情况可能需要改变组件的 prop 属性。第一种情况是定义一个 prop 属性，以方便父组件传递初始值，在子组件内将这个 prop 作为一个本地的 prop 数据来使用。遇到这种情况，解决办法是在本地的 data 选项中定义一个属性，然后将 prop 属性值作为其初始值，后续操作只访问这个 data 属性。示例代码如下：

```
props: ['initDate'],
data: function () {
    return {
        title: this.initDate
    }
}
```

第二种情况是 prop 属性接收数据后需要转换后使用。这种情况可以使用计算属性来解决。示例代码如下：

```
props: ['size'],
computed: {
    nowSize:function(){
        return this.size.trim().toLowerCase()
    }
}
```

后续的内容直接访问计算属性 nowSize 即可。

提示：在 JavaScript 中对象和数组是通过引用传入的，所以对于一个数组或对象类型的 prop 属性来说，在子组件中改变这个对象或数组本身将会影响父组件的状态。

11.3.3　prop 验证

当开发一个可复用的组件时，父组件希望通过 prop 属性传递的数据类型符合要求。例如，组件定义一个 prop 属性是一个对象类型，结果父组件传递的是一个字符串的值，这明显不合适。因此，Vue.js 提供了 prop 属性的验证规则，在定义 props 选项时，使用一个带验证需求的对象来代替之前使用的字符串数组（props: ['name','price','city']）。代码如下：

```
vm.component('my-component', {
    props: {
        // 基础的类型检查 ('null'和'undefined' 会通过任何类型验证)
        name: String,
        // 多个可能的类型
        price: [String, Number],
        // 必填的字符串
        city: {
            type: String,
            required: true
        },
        // 带有默认值的数字
        prop1: {
            type: Number,
            default: 100
        },
        // 带有默认值的对象
        prop2: {
            type: Object,
            // 对象或数组默认值必须从一个工厂函数获取
            default: function () {
                return { message: 'hello' }
            }
        },
        // 自定义验证函数
        prop3: {
            validator: function (value) {
                // 这个值必须匹配下列字符串中的一个
                return ['success', 'warning', 'danger'].indexOf(value) !== -1
            }
        }
    }
})
```

为组件的 prop 指定验证要求后，如果有一个需求没有被满足，则 Vue 会在浏览器控制台中发出警告。

上面代码验证的 type 可以是下面原生构造函数中的一个：

```
String
Number
Boolean
Array
```

```
Object
Date
Function
Symbol
```

另外，type 还可以是一个自定义的构造函数，并且通过 instanceof 来进行检查确认。例如，给定下列现成的构造函数：

```
function Person (firstName, lastName) {
    this.firstName = firstName
    this.lastName = lastName
}
```

可以通过以下代码验证 name 的值是不是通过 new Person 创建的。

```
vm.component('blog-content', {
    props: {
        name: Person
    }
})
```

11.3.4　非 prop 的属性

在使用组件的时候，父组件可能会向子组件传入未定义 prop 的属性值，这样也是可以的。组件可以接收任意的属性，而这些外部设置的属性会被添加到子组件的根元素上。示例代码如下。

【例 11.7】　非 prop 的属性（源代码\ch11\11.7.html）。

```
<style>
    .bg1{
        background: #C1FFE4;
    }
    .bg2{
        width: 120px;
    }
</style>
<div id="app">
    <!--使用 blog-content 组件-->
    <input-con class="bg2" type="text"></input-con>
</div>
<!--引入 Vue 文件-->
<script src="https://unpkg.com/vue@next"></script>
<script>
    //创建一个应用程序实例
    const vm= Vue.createApp({ });
    vm.component('input-con', {
        template: '<input class="bg1">',
    });
    //在指定的 DOM 元素上装载应用程序实例的根组件
    vm.mount('#app');
</script>
```

在 Chrome 浏览器中运行程序，输入"九曲黄河万里沙"，打开控制台，效果如图 11-7 所示。

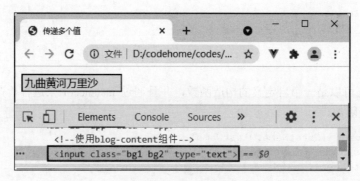

图 11-7　非 prop 的属性

从上面的示例可以看出，input-con 组件没有定义任何 prop，根元素是<input>，在 DOM 模板中使用<input-con>元素时设置了 type 属性，这个属性将被添加到 input-con 组件的根元素 input 上，渲染结果为<input type="text">。另外，在 input-con 组件的模板中还使用了 class 属性 bg1，同时在 DOM 模板中也设置了 class 属性 bg2，这种情况下，两个 class 属性的值会被合并，最终渲染的结果为<input class="bg1 bg2" type="text">。

要注意的是，只有 class 和 style 属性的值会合并，对于其他属性而言，从外部提供给组件的值会替换掉组件内容设置好的值。假设 input-con 组件的模板是<input type="text">，如果父组件传入 type="password"，就会替换掉 type="text"，最后渲染结果就会变成<input type="password">。

例如修改上面的示例：

```
<div id="app">
    <!--使用 blog-content 组件-->
    <input-con class="bg2" type=" password "></input-con>
</div>
<!--引入 Vue 文件-->
<script src="https://unpkg.com/vue@next"></script>
<script>
    //创建一个应用程序实例
    const vm= Vue.createApp({ });
    vm.component('input-con', {
        template: '<input class="bg1" type="text">',
    });
    //在指定的 DOM 元素上装载应用程序实例的根组件
    vm.mount('#app');
</script>
```

在 Chrome 浏览器中运行程序，然后输入"12345678"，可以发现 input 的类型为"password"，效果如图 11-8 所示。

如果不希望组件的根元素继承外部设置的属性，可以在组件的选项中设置 inheritAttrs: false。例如修改上面的示例代码：

```
Vue.component('input-con', {
    template: '<input class="bg1" type="text">',
    inheritAttrs: false,
});
```

再次运行项目，可以发现父组件传递的 type="password"子组件并没有继承。

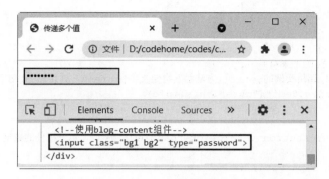

图 11-8 外部组件的值替换掉组件设置好的值

11.4 子组件向父组件传递数据

前面介绍了父组件通过 prop 属性向子组件传递数据，那么子组件如何向父组件传递数据呢？具体实现请看下面的讲解。

11.4.1 监听子组件事件

在 Vue 中可以通过自定义事件来实现。子组件使用$emit()方法触发事件，父组件使用 v-on 指令监听子组件的自定义事件。$emit()方法的语法形式如下：

```
vm.$emit(myEvent, [···args])
```

其中 myEvent 是自定义的事件名称，args 是附加参数，这些参数会传递给监听器的回调函数。如果要向父组件传递数据，可以通过第二个参数来传递。示例代码如下。

【例 11.8】 子组件向父组件传递数据（源代码\ch11\11.8.html）。

这里定义一个子组件，子组件的按钮接收到 click 事件后，调用$emit()方法触发一个自定义事件。在父组件中使用子组件时，可以使用 v-on 指令监听自定义的 date 事件。

```
<div id="app">
   <parent></parent>
</div>
<!--引入 Vue 文件-->
<script src="https://unpkg.com/vue@next"></script>
<script>
   //创建一个应用程序实例
   const vm= Vue.createApp({ });
   vm.component('child', {
      data:function () {
         return{
            info:{
               name:"哈密瓜",
               price:"8.66",
               num:"2600 公斤"
            }
```

```
        }
    },
    methods:{
        handleClick(){
            //调用实例的$emit()方法触发自定义事件 greet，并传递 info
            this.$emit("date",this.info)
        },
    },
    template:'<button v-on:click="handleClick">显示子组件的数据</button>'
});
vm.component('parent', {
data:function(){
  return{
      name:'',
      price:'',
      num:'',
  }
},
methods:{
    // 接收子组件传递的数据
    childDate(info){
        this.name=info.name;
        this.price=info.price;
        this.num=info.num;
    }
},
template:`
    <div>
        <child v-on:date="childDate"></child>
        <ul>
            <li>{{name}}</li>
            <li>{{price}}</li>
            <li>{{num}}</li>
        </ul>
    </div>
`
});
//在指定的 DOM 元素上装载应用程序实例的根组件
vm.mount('#app');
</script>
```

在 Chrome 浏览器中运行程序，单击"显示子组件的数据"按钮，将显示子组件传递过来的数据，效果如图 11-9 所示。

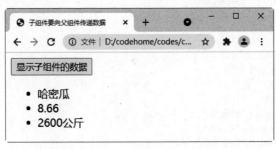

图 11-9 子组件向父组件传递数据

11.4.2　将原生事件绑定到组件

在组件的根元素上可以直接监听一个原生事件，方法是在使用 v-on 指令时添加一个.native 修饰符。例如：

```
<base-input v-on:focus.native="onFocus"></base-input>
```

在有的情形下这很有用，不过在尝试监听一个类似于<input>的非常特定的元素时，这并不是一个好主意。例如<base-input>组件可能做了如下重构，所以根元素实际上是一个<label>元素：

```
<label>
    {{ label }}
    <input
        v-bind="$attrs"
        v-bind:value="value"
        v-on:input="$emit('input', $event.target.value)"
    >
</label>
```

这时父组件的.native 监听器将静默失败。它不会产生任何报错，但是 onFocus 处理函数不会如预期一般被调用。

为了解决这个问题，Vue 提供了一个$listeners 属性，它是一个对象，里面包含作用在这个组件上的所有监听器。例如：

```
{
    focus: function (event) { /* ... */ }
    input: function (value) { /* ... */ },
}
```

有了这个$listeners 属性，就可以配合 v-on="$listeners"将所有的事件监听器指向这个组件的某个特定的子元素。对于那些需要 v-model 的元素（如 input）来说，可以为这些监听器创建一个计算属性，例如下面代码中的 inputListeners。

```
vm.component('base-input', {
    inheritAttrs: false,
    props: ['label', 'value'],
    computed: {
        inputListeners: function () {
        var vm = this
        // 'Object.assign' 将所有的对象合并为一个新对象
        return Object.assign({},
            // 从父级添加所有的监听器
            this.$listeners,
            // 然后添加自定义监听器
            // 或覆写一些监听器的行为
            {
              // 这里确保组件配合 'v-model' 的工作
              input: function (event) {
                vm.$emit('input', event.target.value)
              }
            }
          )
        }
```

```
        },
    template: `
      <label>
        {{ label }}
        <input
          v-bind="$attrs"
          v-bind:value="value"
          v-on="inputListeners"
        >
      </label>
      `
})
```

现在<base-input>组件是一个完全透明的包裹器了，也就是说它可以完全像一个普通的<input>元素一样使用，所有跟它相同的属性和监听器都可以正常工作，不必再使用.native 修饰符。

11.4.3 .sync 修饰符

在有些情况下，可能需要对一个prop属性进行"双向绑定"。但是真正的双向绑定会带来维护上的问题，因为子组件可以变更父组件，且父组件和子组件都没有明显的变更来源。Vue.js推荐以update:myPropName模式触发事件来实现，示例代码如下。

【例 11.9】 设计购物的数量（源代码\ch11\11.9.html）。

其中子组件代码如下：

```
vm.component('child', {
    data:function () {
        return{
            count:this.value
        }
    },
    props:{
      value:{
          type:Number,
          default:0
      }
    },
    methods:{
        handleClick(){
            this.$emit("update:value",++this.count)
        },
    },
    template:`
        <div>
            <sapn>子组件：购买{{value}}件</sapn>
            <button v-on:click="handleClick">增加</button>
        </div>
        `
});
```

在这个子组件中有一个 prop 属性 value，在按钮的 click 事件处理器中，调用$emit()方法触发update:value 事件，并将加 1 后的计数值作为事件的附加参数。

在父组件中，使用 v-on 指令监听 update:value 事件，这样就可以接收到子组件传来的数据，然后使用 v-bind 指令绑定子组件的 prop 属性 value，就可以给子组件传递父组件的数据，这样就实现了双向数据绑定。示例代码如下：

```
div id="app">
    父组件：购买{{counter}}件
    <child v-bind:value="counter" v-on:update:value="counter=$event"></child>
</div>
<!--引入 Vue 文件-->
<script src="https://unpkg.com/vue@next"></script>
<script>
    //创建一个应用程序实例
    const vm= Vue.createApp({
      data(){
        return{
          counter:0
        }
      }
    });
    //在指定的 DOM 元素上装载应用程序实例的根组件
    vm.mount('#app');
</script>
```

其中$event 是自定义事件的附加参数。在 Chrome 浏览器中运行程序，单击 6 次"增加"按钮，可以看到父组件和子组件中的购买数量是同步变化的，结果如图 11-10 所示。

图 11-10　同步更新父组件和子组件的数据

为了方便起见，Vue 2.x 为 prop 属性的"双向绑定"提供了一个缩写，即.sync 修饰符，修改上面示例的<child>的代码：

```
<child v-bind:value.sync="counter"></child>
```

注意，带有.sync 修饰符的 v-bind 不能和表达式一起使用，bind:title.sync="doc.title + '!'"是无效的。例如：

```
v-bind:value.sync="doc.title+'!' "
```

上面的代码是无效的，取而代之的是，只提供你想要绑定的属性名，类似于 v-model。
当用一个对象同时设置多个 prop 属性时，也可以将.sync 修饰符和 v-bind 配合使用：

```
<child v-bind.sync="doc"></child >
```

这样会把 doc 对象中的每一个属性都作为一个独立的 prop 传进去，然后各自添加用于更新的 v-on 监听器。

提示：将 v-bind.sync 用在一个字面量的对象上，例如 v-bind.sync="title:doc.title"是无法正常工作的。

11.5 插　　槽

组件是当作自定义的 HTML 元素来使用的，其元素可以包括属性和内容，通过组件定义的 prop 来接收属性值，那么组件的内容怎么实现呢？可以使用插槽（slot 元素）来解决。

11.5.1 插槽的基本用法

下面定义一个组件：

```
vm.component('page', {
    template:'<div><slot></slot></div>'
});
```

在 page 组件中，div 元素内容定义了 slot 元素，可以把它理解为占位符。

在 Vue 实例中使用这个组件：

```
<div id="app">
    <page>如今直上银河去，同到牵牛织女家。</page>
</div>
```

page 元素给出了内容，在渲染组件时，这个内容会置换组件内部的<slot>元素。

在 Chrome 浏览器中运行程序，渲染的结果如图 11-11 所示。

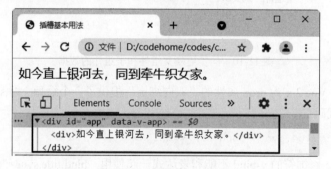

图 11-11　插槽的基本用法

如果 page 组件中没有 slot 元素，<page>元素中的内容将不会渲染到页面。

11.5.2 编译作用域

当想通过插槽向组件传递动态数据时，例如：

```
<page>欢迎来到{{name}}的官网</page>
```

代码中，name 属性是在父组件作用域下解析的，而不是 page 组件的作用域。在 page 组件中定义的属性，在父组件中是访问不到的，这就是编译作用域。

有一条规则要记住：父组件模板中的所有内容都是在父级作用域中编译的，子组件模板中的所有内容都是在子作用域中编译的。

11.5.3　默认内容

有时为一个插槽设置默认内容是很有用的，它只会在没有提供内容的时候被渲染。例如在一个 \<submit-button\>组件中：

```
<button type="submit">
    <slot></slot>
</button>
```

如果希望这个\<button\>内绝大多数情况下都渲染文本"Submit"，可以将"Submit"作为默认内容放在\<slot\>标签内：

```
<button type="submit">
    <slot>Submit</slot>
</button>
```

现在在一个父组件中使用\<submit-button\>，并且不提供任何插槽内容：

```
<submit-button></submit-button>
```

默认内容"Submit"将会被渲染：

```
<button type="submit">
    Submit
</button>
```

但是如果提供内容：

```
<submit-button>
    提交
</submit-button>
```

则这个提供的内容将会替换掉默认值 Submit，渲染如下：

```
<button type="submit">
    提交
</button>
```

【例 11.10】　设置插槽的默认内容（源代码\ch11\11.10.html）。

```
<div id="app">
    <page>流年莫虚掷，华发不相容。</page>
</div>
<!--引入 Vue 文件-->
<script src="https://unpkg.com/vue@next"></script>
<script>
    //创建一个应用程序实例
    const vm= Vue.createApp({ });
    vm.component('page', {
        template:`<button type="submit">
                    <slot>Submit</slot>
                  </button>
                `
```

```
    });
    //在指定的 DOM 元素上装载应用程序实例的根组件
    vm.mount('#app');
</script>
```

在 Chrome 浏览器中运行程序，渲染的结果如图 11-12 所示。

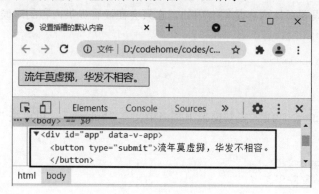

图 11-12　设置插槽的默认内容

11.5.4　命名插槽

在组件开发中，有时需要使用多个插槽。例如对于一个带有如下模板的<page-layout>组件：

```
<div class="container">
    <header>
        <!-- 我们希望把页头放这里 -->
    </header>
    <main>
        <!-- 我们希望把主要内容放这里 -->
    </main>
    <footer>
        <!-- 我们希望把页脚放这里 -->
    </footer>
</div>
```

对于这样的情况，<slot>元素有一个特殊的特性 name，它用来命名插槽。因此，可以定义多个名字不同的插槽，例如下面的代码：

```
<div class="container">
    <header>
        <slot name="header"></slot>
    </header>
    <main>
        <slot></slot>
    </main>
    <footer>
        <slot name="footer"></slot>
    </footer>
</div>
```

一个不带 name 的<slot>元素，它有默认的名字"default"。

在向命名插槽提供内容的时候，可以在一个<template>元素上使用 v-slot 指令，并以 v-slot 的参数的形式提供其名称：

```
<page-layout>
    <template v-slot:header>
        <h1>这里有一个页面标题</h1>
    </template>
    <p>这里有一段主要内容</p>
    <p>和另一段主要内容</p>
    <template v-slot:footer>
        <p>这是一些联系方式</p>
    </template>
</page-layout>
```

现在<template>元素中的所有内容都将会被传入相应的插槽。任何没有被包裹在带有v-slot的<template>中的内容都会被视为默认插槽的内容。

然而，如果希望更明确一些，仍然可以在一个<template>中包裹默认命名插槽的内容：

```
<page-layout>
    <template v-slot:header>
        <h1>这里有一个页面标题</h1>
    </template>
    <template v-slot:default>
        <p>这里有一段主要内容</p>
        <p>和另一段主要内容</p>
    </template>
    <template v-slot:footer>
        <<p>这是一些联系方式</p>
    </template>
</page-layout>
```

上面两种写法都会渲染出如下代码：

```
<div class="container">
    <header>
        <h3>这里有一个页面标题</h3>
    </header>
    <main>
        <p>这里有一段主要内容</p>
        <p>和另一段主要内容</p>
    </main>
    <footer>
        <p>这是一些联系方式</p>
    </footer>
</div>
```

【例 11.11】　命名插槽（源代码\ch11\11.11.html）。

```
<div id="app">
    <page-layout>
        <template v-slot:header>
            <h2 align='center'>书河上亭壁</h2>
        </template>
        <template v-slot:main>
            <h3>岸阔樯稀波渺茫，独凭危槛思何长。</h3>
```

```
            <h3>萧萧远树疏林外，一半秋山带夕阳。</h3>
        </template>
        <template v-slot:footer>
            <p align='right'>经典古诗</p>
        </template>
    </page-layout>
</div>
<!--引入 Vue 文件-->
<script src="https://unpkg.com/vue@next"></script>
<script>
    //创建一个应用程序实例
    const vm= Vue.createApp({ });
    vm.component('page-layout', {
        template:`
        <div class="container">
            <header>
                <slot name="header"></slot>
            </header>
            <main>
                <slot name="main"></slot>
            </main>
            <footer>
                <slot name="footer"></slot>
            </footer>
        </div>
        `
    });
    //在指定的 DOM 元素上装载应用程序实例的根组件
    vm.mount('#app');
</script>
```

在 Chrome 浏览器中运行程序，效果如图 11-13 所示。

与 v-on 和 v-bind 一样，v-slot 也有缩写，即把参数之前的所有内容（v-slot:）替换为字符#。例如下面的代码：

```
<page-layout>
    <template #header>
        <h1>这里有一个页面标题</h1>
    </template>
    <template #main>
        <p>这里有一段主要内容</p>
        <p>和另一段主要内容</p>
    </template>
    <template #footer>
        <<p>这是一些联系方式</p>
    </template>
</page-layout>
```

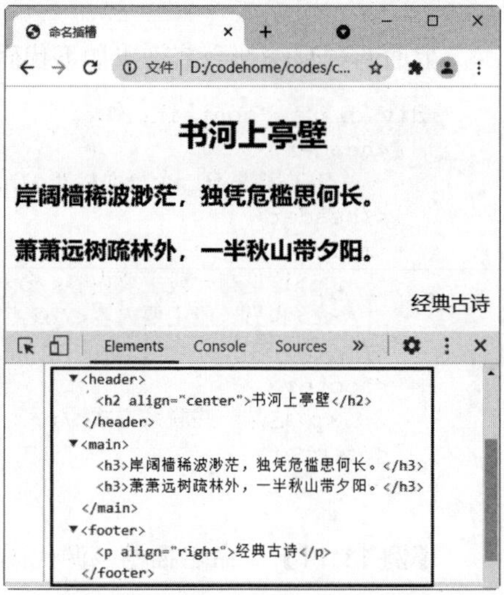

图 11-13　命名插槽

11.5.5　作用域插槽

在父级作用域下，在插槽的内容中是无法访问子组件的数据属性的，但有时需要在父级的插槽内容中访问子组件的属性，我们可以在子组件的<slot>元素上使用 v-bind 指令绑定一个 prop 属性。看下面的组件代码：

```
vm.component('page-layout', {
    data:function(){
        return{
            info:{
                name:'小明',
                age:18,
                sex:"男"
            }
        }
    },
    template:`
        <button>
            <slot v-bind:values="info">
                {{info.name}}
            </slot>
        </button>
    `
});
```

这个按钮可以显示 info 对象中的任意一个，为了让父组件可以访问 info 对象，在<slot>元素上使用 v-bind 指令绑定一个 values 属性，称为插槽 prop，这个 prop 不需要在 props 选项中声明。

在父级作用域下使用该组件时，可以给 v-slot 指令一个值来定义组件提供的插槽 prop 的名字。代码如下：

```
<page-layout>
    <template v-slot:default="slotProps">
        {{slotProps.values.name}}
    </template>
</page-layout>
```

因为<page-layout>组件内的插槽是默认插槽，所以这里使用其默认的名字 default，然后给出一个名字 slotProps，这个名字可以随便取，代表的是包含组件内所有插槽 prop 的一个对象，然后就可以在父组件中利用这个对象访问子组件的插槽 prop，prop 是绑定到 info 数据属性上的，所以可以进一步访问 info 的内容。示例代码如下。

【例 11.12】 访问插槽的内容（源代码\ch11\11.12.html）。

```
<div id="app">
    <page-layout>
        <template v-slot:default="slotProps">
            {{slotProps.values.city}}
        </template>
    </page-layout>
</div>
<!--引入 Vue 文件-->
<script src="https://unpkg.com/vue@next"></script>
<script>
    //创建一个应用程序实例
    const vm= Vue.createApp({ });
    vm.component('page-layout', {
        data:function(){
            return{
                info:{
```

```
                name:'苹果',
                price:8.86,
                city:"深圳"
            }
        }
    },
    template:`
        <button>
            <slot v-bind:values="info">
                {{info.city}}
            </slot>
        </button>

});
//在指定的 DOM 元素上装载应用程序实例的根组件
vm.mount('#app');
</script>
```

在 Chrome 浏览器中运行程序，效果如图 11-14 所示。

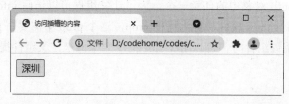

图 11-14　命名插槽

11.5.6　解构插槽 prop

作用域插槽的内部工作原理是将插槽内容传入函数的单个参数中：

```
function (slotProps) {
    // 插槽内容
}
```

这意味着 v-slot 的值实际上可以是任何能够作为函数定义中的参数的 JavaScript 表达式。所以在支持的环境下（单文件组件或现代浏览器），也可以使用 ES 6 解构来传入具体的插槽 prop，示例代码如下：

```
<current-verse v-slot="{ verse }">
    {{ verse.firstContent }}
</current-user>
```

这样可以使模板更简洁，尤其是在该插槽提供了多个 prop 的时候。它同样开启了 prop 重命名等其他可能，例如将 verse 重命名为 poetry：

```
<current-verse v-slot="{ verse: poetry }">
    {{ poetry.firstContent }}
</current-verse>
```

甚至可以定义默认的内容，用于插槽 prop 是 undefined 的情形：

```
<current-verse v-slot="{ verser = { firstContent: '古诗' } }">
```

```
        {{ verse.Content}}
    </current-verser>
```

【例 11.13】　解构插槽 prop（源代码\ch11\11.13.html）。

```
<div id="app">
    <current-verse>
        <template v-slot="{verse:poetry}">
            {{poetry.firstContent }}
        </template>
    </current-verse>
</div>
<!--引入 Vue 文件-->
<script src="https://unpkg.com/vue@next"></script>
<script>
    //创建一个应用程序实例
    const vm= Vue.createApp({ });
    vm.component('currentVerse', {
        template: '
<span><slot :verse="verse">{{ verse.lastContent }}</slot></span>',
        data:function(){
            return {
                verse: {
                    firstContent: '此心随去马，迢递过千峰。',
                    secondContent: '野渡波摇月，空城雨翳钟。'
                }
            }
        }
    });
    //在指定的 DOM 元素上装载应用程序实例的根组件
    vm.mount('#app');
</script>
```

在 Chrome 浏览器中运行程序，效果如图 11-15 所示。

图 11-15　解构插槽 prop

11.6　Vue.js 3.x 的新变化 1——组合 API

通过创建 Vue 组件，可以将接口的可重复部分及其功能提取到可重用的代码段中，从而提高应用程序的可维护性和灵活性。随着应用程序越来越复杂，拥有几百个组件的应用程序仅依靠组件很难满足共享和重用代码的需求。

用组件的选项（data、computed、methods、watch）组织逻辑在大多数情况下都有效。然而，当组件变得更大时，逻辑关注点的列表也会增长。这样会导致组件难以阅读和理解，尤其是对于那些一开始就没有编写这些组件的人来说。这种碎片化使得理解和维护复杂组件变得困难。选项的分离掩盖了潜在的逻辑问题。此外，在处理单个逻辑关注点时，用户必须不断地"跳转"相关代码的选项块。如何才能将同一个逻辑关注点相关的代码配置在一起？这正是组合 API 要解决的问题。

Vue.js 3.x 中新增的组合 API 为用户组织组件代码提供了更大的灵活性。现在，可以将代码编写成函数，每个函数处理一个特定的功能，而不再需要按选项组织代码了。组合 API 还使得在组件之间甚至外部组件之间提取和重用逻辑变得更加简单。

组合 API 可以和 TypeScript 更好地集成，因为组合 API 是一套基于函数的 API。同时，组合 API 也可以和现有的基于选项的 API 一起使用。不过需要特别注意的是，组合 API 会在选项（data、computed 和 methods）之前解析，所以组合 API 是无法访问这些选项中定义的属性的。

11.7　setup()函数

setup()函数是一个新的组件选项，它是组件内部使用组合 API 的入口点。新的 setup 组件选项在创建组件之前执行，一旦 props 被解析，就充当合成 API 的入口点。对于组件的生命周期钩子，setup()函数在 beforeCreate 钩子之前调用。

setup()是一个接受 props 和 context 的函数，而且接受的 props 对象是响应式的，在组件外部传入新的 prop 值时，props 对象会更新，可以调用相应的方法监听该对象并对修改做出相应。其用法如下。

【例 11.14】　setup()函数（源代码\ch11\11.14.html）。

```html
<div id="app">
    <post-item :post-content="content"></post-item>
</div>
<!--引入 Vue 文件-->
<script src="https://unpkg.com/vue@next"></script>
<script>
    //创建一个应用程序实例
    const vm= Vue.createApp({
            data(){
                return {
                    content: '月浅灯深，梦里云归何处寻。'
                }
            }
    });
    vm.component('PostItem', {
            //声明 props
            props: ['postContent'],
            setup(props){
               Vue.watchEffect(() => {
                    console.log(props.postContent);
               })
            },
            template: '<h3>{{ postContent }}</h3>'
    });
    //在指定的 DOM 元素上装载应用程序实例的根组件
```

```
        vm.mount('#app');
</script>
```

在 Chrome 浏览器中运行程序，效果如图 11-16 所示。

图 11-16　setup()函数

注意：由于在执行 setup()函数时尚未创建组件实例，因此在 setup()函数中没有 this。这意味着除了 props 之外，用户将无法访问组件中声明的任何属性——本地状态、计算属性或方法。

11.8　响应式 API

Vue.js 3.x 的核心功能主要是通过响应式 API 实现的，组合 API 将它们公开为独立的函数。

11.8.1　reactive()方法和 watchEffect()方法

例如，下面的代码给出了 Vue.js 3.x 中的响应式对象的例子：

```
setup(){
    const name = ref('test')
    const state = reactive({
        list: []
    })
    return {
        name,
        state
    }
}
```

Vue.js 3.x 提供了一种创建响应式对象的方法 reactive()，其内部就是利用 Proxy API 来实现的，特别是借助 handler 的 set 方法，可以实现双向数据绑定相关的逻辑，这相对于 Vue.js 2.x 中的 Object.defineProperty()是很大的改变。

（1）Object.defineProperty()只能单一地监听已有属性的修改或者变化，无法检测到对象属性的新增或删除，而 Proxy 则可以轻松实现。

（2）Object.defineProperty()无法监听属性值是数组类型的变化，而 Proxy 则可以轻松实现。

例如，监听数组的变化：

```
let arr = [1]
let handler = {
    set:(obj,key,value)=>{
```

```
        console.log('set')
        return Reflect.set(obj, key, value);
    }
}

let p = new Proxy(arr,handler)
p.push(2)
```

watchEffect()方法函数类似于 Vue.js 2.x 中的 watch 选项，该方法接收一个函数作为参数，会立即运行该函数，同时响应式地跟踪其依赖项，并在依赖项发生修改时重新运行该函数。

【例 11.15】 reactive()方法和 watchEffect()方法（源代码\ch11\11.15.html）。

```
<div id="app">
    <post-item :post-content="content"></post-item>
</div>
<!--引入 Vue 文件-->
<script src="https://unpkg.com/vue@next"></script>
<script>
    const {reactive, watchEffect} = Vue;
    const state = reactive({
        count: 0
    });
    watchEffect(() => {
        document.body.innerHTML = `商品库存为：${state.count}台。`
    })
</script>
```

在 Chrome 浏览器中运行程序，效果如图 11-17 所示。按 F12 键打开控制台并切换到 Console 选项，输入"state.count=1000"后按回车键，效果如图 11-18 所示。

图 11-17　初始状态

图 11-18　响应式对象的依赖跟踪

11.8.2　ref()方法

reactive()方法为一个 JavaScript 对象创建响应式代理。如果需要对一个原始值创建一个响应式代理对象，可以通过 ref()方法来实现，该方法接收一个原始值，返回一个响应式和可变的响应式对象。ref()方法的用法如下。

【例 11.16】　ref()方法（源代码\ch11\11.16.html）。

```html
<div id="app">
    <post-item :post-content="content"></post-item>
</div>
<!--引入 Vue 文件-->
<script src="https://unpkg.com/vue@next"></script>
<script>
    const {ref, watchEffect} = Vue;
    const state = ref(0)
    watchEffect(() => {
        document.body.innerHTML = '商品库存为：${state.value}台。'
    })
</script>
```

在 Chrome 浏览器中运行程序，按 F12 键打开控制台并切换到 Console 选项，输入"state.value = 8888"后按回车键，效果如图 11-19 所示。这里需要修改 state.value 的值，而不是直接修改 state 对象。

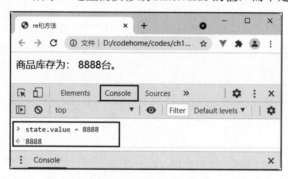

图 11-19　使用 ref()方法

11.8.3　readonly()方法

有时候仅需要跟踪相应的对象，而不希望应用程序对该对象进行修改。此时可以通过 readonly()方法为原始对象创建一个只读属性，从而防止该对象在注入的地方发生变化，这提供了程序的安全性。例如以下代码：

```javascript
import {readonly} from 'vue'
export default {
    name: 'App',
    setup() {
        // readonly:用于创建一个只读的数据，并且是递归只读
        let state = readonly({name:'李梦', attr:{age:28, height: 1.88}});
        function myFn() {
            state.name = 'zhangxiaoming';
            state.attr.age = 36;
            state.attr.height = 1.66;
            console.log(state); //数据并没有变化
        }
        return {state, myFn};
    }
}
```

11.8.4 computed()方法

computed()方法主要用于创建依赖于其他状态的计算属性，该方法接收一个 getter 函数，并为
getter 返回的值返回一个不可变的响应式对象。computed()方法的用法如下。

【例 11.17】 computed()方法（源代码\ch11\11.17.html）。

```
<div id="app">
    <p>原始字符串: {{ message }}</p>
    <p>反转字符串: {{ reversedMessage }}</p>
</div>
<script src="https://unpkg.com/vue@next"></script>
<script>
    const {ref, computed} = Vue;
        const vm = Vue.createApp({
            setup(){
              const message = ref('人世几回伤往事，山形依旧枕寒流');
              const reversedMessage = computed(() =>
                  message.value.split('').reverse().join('')
                );
              return {
                  message,
                  reversedMessage
              }
            }
    }).mount('#app');
</script>
```

在 Chrome 浏览器中运行程序，结果如图 11-20 所示。

11.8.5 watch()方法

watch()方法需要监听特定的数据源，并在单独的回调函数中应用。当被监听的数据源发生变化时，才会调用回调函数。
例如下面的代码监听普通类型的对象：

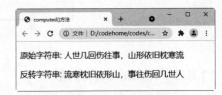

图 11-20 computed()方法

```
let count = ref(1);
const changeCount = () => {
    count.value+=1
};
watch(count, (newValue, oldValue) => {  //直接监听
    console.log("count 发生了变化！");
});
```

watch()方法还可以监听响应式对象：

```
let goods = reactive({
    name: "洗衣机",
    price: 6800,
 });
const changeGoodsName = () => {
    goods.name = "电视机";
};
watch(()=>goods.name,()=>{     //通过一个函数返回要监听的属性
```

```
        console.log('商品的名称发生了变化！')
})
```

在 Vue 2.x 中，watch 可以监听多个数据源，并且执行不同的函数。在 Vue.js 3.x 中也能实现相同的情景，通过多个 watch 来实现，但在 Vue 2.x 中，只能存在一个 watch。

例如在 Vue.js 3.x 中监听多个数据源：

```
watch(count, () => {
console.log("count 发生了变化！");
});
watch(
    () => goods.name,
    () => {
        console.log("商品的名称发生了变化！");
    }
);
```

对于 Vue.js 3.x，监听器可以使用数组同时监听多个数据源。例如：

```
watch([() => goods.name, count], ([name, count], [preName, preCount]) => {
    console.log("count 或 goods.name 发生了变化！");
});
```

11.9　Vue.js 3.x 的新变化 2——访问组件的方式

在 Vue.js 2.x 中，如果需要访问组件实例的属性，可以直接访问组件的实例，如图 11-21 所示。

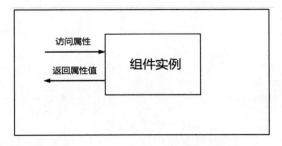

图 11-21　在 Vue.js 2.x 中访问组件属性的方式

在 Vue.js 3.x 中，访问组件实例会通过组件代理对象实现，而不是直接访问组件实例，如图 11-22 所示。

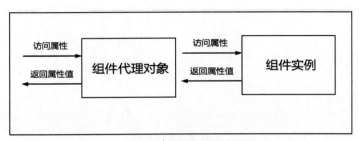

图 11-22　在 Vue.js 3.x 中访问组件属性的方式

11.10 综合案例——使用组件创建树状项目分类

本案例使用组件创建树状项目分类。其主要代码如下：

```
<div id="app">
    <category-component :list="categories"></category-component>
</div>
<script src="https://unpkg.com/vue@next"></script>
<script>
    const CategoryComponent = {
        name: 'catComp',
        props: {
            list: {
                type: Array
            }
        },
        template: `
            <ul>
                <!-- 如果 list 为空，表示没有子分类了，结束递归 -->
                <template v-if="list">
                    <li v-for="cat in list">
                        {{cat.name}}
                        <catComp :list="cat.children"/>
                    </li>
                </template>
            </ul>
            `
    }
    const app = Vue.createApp({
        data(){
            return {
                categories: [
                    {
                        name: '网站开发技术',
                        children: [
                            {
                                name: '前端开发技术',
                                children: [
                                    {name: 'HTML5 开发技术'},
                                    {name: 'JavaScript 开发技术'},
                                    {name: 'Vue.js 开发技术'}
                                ]
                            },
                            {
                                name: 'PHP 后端开发技术'
                            }
                        ]
                    },
                    {
                        name: '网络安全技术',
                        children: [
                            {name: 'Linux 系统安全'},
```

```
                            {name: '代码审计安全'},
                            {name: '渗透测试安全'}
                        ]
                    }]
                }
            },
        components: {
            CategoryComponent
        }
    }).mount('#app');
</script>
```

在 Chrome 浏览器中运行程序，效果如图 11-23 所示。

图 11-23 树状项目分类

11.11 疑难解惑

疑问 1： 定义组件的名称可以用大写字母吗？

因为组件最后会被解析成自定义的 HTML 代码，而 HTML 并不区分元素和属性的大小写，所以浏览器会把所有大写字母解释为小写字母。例如组件注册的时候名称为 Vum-counter，浏览器会解释为 vum-counter，这就会导致找不到组件而出现错误，所以定义组件的名称不可以用大写字母。

疑问 2： 使用 setup()函数需要注意什么？

使用 setup()函数需要注意的问题如下：

（1）由于在执行 setup 函数的时候，还没有执行 Created 生命周期方法，因此在 setup()函数中无法使用 data 和 methods。

（2）Vue 为了避免错误使用 this，直接将 setup 函数中的 this 修改成了 undefined。

（3）setup()函数只能同步操作，而不能异步操作。

第12章

过渡和动画效果

Vue 在插入、更新或者移除 DOM 时，提供了多种不同方式的应用过渡效果，方法如下：

（1）在 CSS 过渡和动画中自动应用 class。

（2）可以配合使用第三方 CSS 动画库，如 Animate.css。

（3）在过渡钩子函数中使用 JavaScript 直接操作 DOM。

（4）可以配合使用第三方 JavaScript 动画库，如 Velocity.js。

为什么网页需要添加过渡和动画效果呢？因为过渡和动画效果能够提高用户的体验，帮助用户更好地理解页面中的功能。本章将重点学习如何设计过渡和动画效果。

12.1 单元素/组件的过渡

Vue 提供了 transition 的封装组件，在下列情形中，可以给任何元素和组件添加进入/离开过渡：

（1）条件渲染（使用 v-if）。

（2）条件展示（使用 v-show）。

（3）动态组件。

（4）组件根节点。

12.1.1 CSS 过渡

常用的过渡都使用 CSS 过渡。下面是一个没有使用过渡效果的示例，通过一个按钮控制 p 元素显示和隐藏。

【例 12.1】　控制 p 元素显示和隐藏（源代码\ch12\12.1.html）。

```
<div id="app">
    <button v-on:click="show = !show">
        上京即事五首·其一
    </button>
    <p v-if="!show">大野连山沙作堆，白沙平处见楼台。</p>
    <p v-if="!show">行人禁地避芳草，尽向曲阑斜路来。</p>
</div>
<!--引入 Vue 文件-->
<script src="https://unpkg.com/vue@next"></script>
<script>
    //创建一个应用程序实例
    const vm = Vue.createApp({
        //该函数返回数据对象
        data(){
            return{
                show:true
            }
        }
        //在指定的 DOM 元素上装载应用程序实例的根组件
    }).mount('#app');
</script>
```

在 Chrome 浏览器中运行程序，单击按钮后的效果如图 12-1 所示。

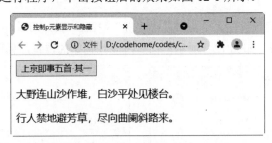

图 12-1　没有过渡效果

当单击按钮时，会发现 p 标签出现或者消失，但没有过渡效果，用户体验不太好。可以使用
Vue 的 transition 组件来实现消失或者隐藏的过渡效果。使用 Vue 过渡的时候，首先把过渡的元素添
加到 transition 组件中。其中.v-enter-from、.v-leave-to、.v-enter-active 和.v-leave-active 样式是定义动
画的过渡样式。

【例 12.2】　添加 CSS 过渡效果（源代码\ch12\12.2.html）。

```
<style>
    /*v-enter-active 入场动画的时间段*/
    /*v-leave-active 离场动画的时间段*/
    .v-enter-active, .v-leave-active{
        transition: all .5s ease;
    }
    /*.v-enter-from 是一个时间点，是进入之前元素的起始状态，此时还没有进入*/
    /* v-leave-to 是一个时间点，是动画离开之后，离开的终止状态，此时元素动画已经结束*/
    .v-enter-from, .v-leave-to{
        opacity: 0.2;
```

```
                transform:translateY(200px);
        }
    </style>
    <div id="app">
        <button v-on:click="show = !show">
            古诗欣赏
        </button>
        <transition>
            <p v-if="!show">鸿雁长飞光不度，鱼龙潜跃水成文。</p>
        </transition>
    </div>
    <!--引入 Vue 文件-->
    <script src="https://unpkg.com/vue@next"></script>
    <script>
        //创建一个应用程序实例
        const vm= Vue.createApp({
            //该函数返回数据对象
            data(){
                return{
                    show:true
                }
            }
            //在指定的 DOM 元素上装载应用程序实例的根组件
        }).mount('#app');
    </script>
```

在 Chrome 浏览器中运行程序，单击"古诗欣赏"按钮，可以发现，p 元素刚开始在下侧 200px 的位置开始，透明度为 0.2，如图 12-2 所示；然后过渡到初始的位置，如图 12-3 所示。

图 12-2　过渡效果

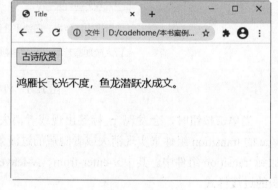

图 12-3　显示内容

12.1.2　过渡的类名

在进入/离开的过渡中，会有 6 个 class 切换。

（1）v-enter-from：定义进入过渡的开始状态。在元素被插入之前生效，在元素被插入之后的下一帧移除。

（2）v-enter-to：定义进入过渡的结束状态。在元素被插入之后的下一帧生效（与此同时v-enter被移除），在过渡/动画完成之后移除。

（3）v-enter-active：定义进入过渡生效时的状态。在整个进入过渡的阶段中应用，在元素被插入之前生效，在过渡/动画完成之后移除。这个类可以被用来定义进入过渡的过程时间、延迟和曲线函数。

（4）v-leave-from：定义离开过渡的开始状态。在离开过渡被触发时立刻生效，下一帧被移除。

（5）v-leave-to：定义离开过渡的结束状态。在离开过渡被触发之后的下一帧生效（与此同时 v-leave 被删除），在过渡/动画完成之后移除。

（6）v-leave-active：定义离开过渡生效时的状态。在整个离开过渡的阶段中应用，在离开过渡被触发时立刻生效，在过渡/动画完成之后移除。这个类可以被用来定义离开过渡的过程时间、延迟和曲线函数。

一个过渡效果包括两个阶段：一个是进入动画（Enter）；另一个是离开动画（Leave）。

进入动画包括 v-enter-from 和 v-enter-to 两个时间点和 v-enter-active 一个时间段。离开动画包括 v-enter-from 和 v-leave-to 两个时间点和 v-leave-active 一个时间段。具体如图 12-4 所示。

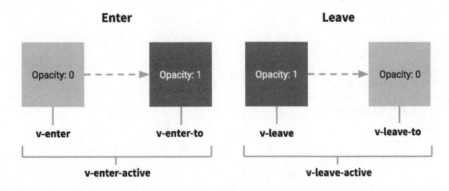

图 12-4　过渡动画的时间点

定义过渡时，首先使用 transition 元素把需要被过度控制的元素包裹起来，然后自定义两组样式来控制 transition 内部的元素实现过渡。对于这些在过渡中切换的类名来说，如果使用一个没有名字的\<transition\>，则 v-是这些类名的默认前缀。上一节示例中定义的样式，在所有动画中会公用，transition 有一个 name 属性，可以通过它来修改过渡样式的名称。如果使用了\<transition name="my-transition"\>，那么 v-enter-from 会替换为 my-transition-enter-from。这样做的好处是区分每个不同的过渡和动画。

下面通过一个按钮来触发两个过渡效果，一个从右侧 150px 的位置开始，一个从下面 200px 的位置开始。

【例 12.3】　多个过渡效果（源代码\ch12\12.3.html）。

```
<style>
    .v-enter-active, .v-leave-active {
        transition: all 0.5s ease;
    }
    .v-enter-from, .v-leave-to{
        opacity: 0.2;
        transform:translateX(150px);
    }
```

```
    .my-transition-enter-active, .my-transition-leave-active {
        transition: all 0.8s ease;
    }
    .my-transition-enter-from, .my-transition-leave-to{
        opacity: 0.2;
        transform:translateY(200px);
    }
    </style>
<div id="app">
    <button v-on:click="show = !show">
        出郊
    </button>
    <transition>
        <p v-if="!show">高田如楼梯，平田如棋局。</p>
    </transition>
    <transition name="my-transition">
        <p v-if="!show">白鹭忽飞来，点破秧针绿。</p>
</transition>
</div>

<!--引入 Vue 文件-->
<script src="https://unpkg.com/vue@next"></script>
<script>
    //创建一个应用程序实例
    const vm= Vue.createApp({
        //该函数返回数据对象
        data(){
          return{
            show:true
            }
        }
    //在指定的 DOM 元素上装载应用程序实例的根组件
    }).mount('#app');
</script>
```

在 Chrome 浏览器中运行程序，单击"出郊"按钮，触发两个过渡效果，如图 12-5 所示；最终状态如图 12-6 所示。

图 12-5　多个过渡效果图

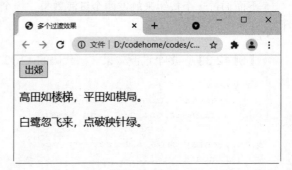

图 12-6　最终状态

12.1.3　CSS 动画

CSS 动画的用法与 CSS 过渡差不多，区别是在动画中，v-enter 类名在节点插入 DOM 后不会立即删除，而是在 animationend 事件触发时删除。CSS 动画的用法如下。

【例 12.4】　CSS 动画（源代码\ch12\12.4.html）。

```
<style>
    /*进入动画阶段*/
    .my-enter-active {
        animation: my-in .5s;
    }
    /*离开动画阶段*/
    .my-leave-active {
        animation: my-in .5s reverse;
    }
    /*定义动画my-in*/
    @keyframes my-in {
        0% {
            transform: scale(0);
        }
        50% {
            transform: scale(1.5);
        }
        100% {
            transform: scale(1);
        }
    }
</style>
<div id="app">
    <button @click="show = !show">对雪</button>
    <transition name="my">
        <p v-if="show">六出飞花入户时，坐看青竹变琼枝。如今好上高楼望，盖尽人间恶路岐。</p>
    </transition>
</div>
<!--引入Vue文件-->
<script src="https://unpkg.com/vue@next"></script>
<script>
    //创建一个应用程序实例
    const vm= Vue.createApp({
        //该函数返回数据对象
        data(){
          return{
            show:true
          }
        }
    //在指定的DOM元素上装载应用程序实例的根组件
    }).mount('#app');
</script>
```

在 Chrome 浏览器中运行程序，单击"对雪"按钮时，触发 CSS 动画，效果如图 12-7 所示。

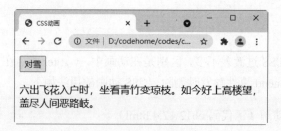

图 12-7　CSS 动画效果

12.1.4　自定义过渡的类名

可以通过以下 attribute 来自定义过渡的类名：

- enter-class。
- enter-active-class。
- enter-to-class。
- leave-class。
- leave-active-class。
- leave-to-class。

它们的优先级高于普通的类名，这对于 Vue 的过渡系统和其他第三方 CSS 动画库（如 Animate.css）的结合使用十分有用。

下面的示例在 transition 组件中使用 enter-active-class 和 leave-active-class 类，结合 animate.css 动画库实现动画效果。

【例 12.5】　自定义过渡的类名（源代码\ch12\12.5.html）。

```html
<link href="https://cdn.jsdelivr.net/npm/animate.css@3.5.1" rel="stylesheet"
type="text/css">
<div id="app">
    <button @click="show = !show">
        早春
    </button>
<!--enter-active-class:控制动画的进入-->
<!--leave-active-class:控制动画的离开-->
<!--animated 类似于全局变量，它定义了动画的持续时间-->
<!--bounceInUp 和 slideInRight 是动画具体的动画效果的名称，可以选择任意的效果-->
    <transition
            enter-active-class="animated bounceInUp"
            leave-active-class="animated slideInRight"
    >
        <p v-if="show">春销不得处，唯有鬓边霜。</p>
    </transition>
</div>
<!--引入 Vue 文件-->
<script src="https://unpkg.com/vue@next"></script>
<script>
    //创建一个应用程序实例
    const vm= Vue.createApp({
```

```
      //该函数返回数据对象
      data(){
        return{
          show:true
        }
      }
      //在指定的 DOM 元素上装载应用程序实例的根组件
    }).mount('#app');
</script>
```

在浏览器运行，单击"早春"按钮，触发进入动画，效果如图 12-8 所示；再次单击"早春"按钮，触发离开动画，效果如图 12-9 所示。

图 12-8 进入动画效果

图 12-9 离开动画效果

12.1.5 动画的 JavaScript 钩子函数

可以在<transition>组件中声明 JavaScript 钩子，它以属性的形式存在。例如下面的代码：

```
<transition
      进入动画钩子函数
:before-enter 表示动画入场之前，此时动画还未开始，可以在其中设置元素开始动画之前的起始样式
      v-on:before-enter="beforeEnter"
:enter 表示动画，开始之后的样式，可以设置完成动画的结束状态
      v-on:enter="enter"
:after-enter 表示动画完成之后的状态
      v-on:after-enter="afterEnter"
:enter-cancelled 用于取消开始动画的
      v-on:enter-cancelled="enterCancelled"
      离开动画钩子函数，离开动画和进入动画钩子函数说明类似
      v-on:before-leave="beforeLeave"
      v-on:leave="leave"
      v-on:after-leave="afterLeave"
      v-on:leave-cancelled="leaveCancelled"
>
    <!-- ... -->
</transition>
```

然后在 Vue 实例的 methods 选项中定义钩子函数的方法：

```
<script>
    //创建一个应用程序实例
    const vm= Vue.createApp({
        //该函数返回数据对象
        data(){
```

```
            return{
                show:true
            }
        },
        methods: {
            // 进入中
            beforeEnter: function (el) {
                ...
            },
            // 当与 CSS 结合使用时
            // 回调函数 done 是可选的
            enter: function (el, done) {
                ...
                done()
            },
            afterEnter: function (el) {
                ...
            },
            enterCancelled: function (el) {
                ...
            },
            // 离开时
            beforeLeave: function (el) {
                ...
            },
            // 当与 CSS 结合使用时
            // 回调函数 done 是可选的
            leave: function (el, done) {
                ...
                done()
            },
            afterLeave: function (el) {
                ...
            },
            // leaveCancelled 只用于 v-show 中
            leaveCancelled: function (el) {
                ...
            }
        //在指定的 DOM 元素上装载应用程序实例的根组件
        }).mount('#app');
</script>
```

这些钩子函数可以结合 CSS transitions/animations 使用，也可以单独使用。

提示：当只用 JavaScript 过渡的时候，在 enter 和 leave 中必须使用 done 进行回调。否则，它们将被同步调用，过渡会立即完成。对于仅使用 JavaScript 过渡的元素，推荐添加 v-bind:css="false"，Vue 会跳过 CSS 的检测。这也可以避免过渡过程中 CSS 的影响。

下面使用 velocity.js 动画库结合动画钩子函数来实现一个简单示例。

【例 12.6】 JavaScript 钩子函数（源代码\ch12\12.6.html）。

```
<!--Velocity 和 jQuery.animate 的工作方式类似，也是用来实现 JavaScript 动画的一个很棒的选择
-->
```

```
<script src="velocity.js"></script>
<div id="app">
    <button @click="show = !show">
        雪晴晚望
    </button>
    <transition
            v-on:before-enter="beforeEnter"
            v-on:enter="enter"
            v-on:leave="leave"
            v-bind:css="false"
    >
        <p v-if="show">
            野火烧冈草，断烟生石松。
        </p>
    </transition>
</div>
<!--引入 Vue 文件-->
<script src="https://unpkg.com/vue@next"></script>
<script>
    //创建一个应用程序实例
    const vm= Vue.createApp({
        //该函数返回数据对象
        data(){
          return{
            show:false
          }
        },
        methods: {
            // 进入动画之前的样式
            beforeEnter: function (el) {
                // 注意：动画钩子函数的第一个参数：el，表示要执行动画的那个 DOM 元素，
                // 是一个原生的 JS DOM 对象
                // 可以认为，el 是通过 document.getElementById('')方式获取到原生 JS DOM 对象的
                el.style.opacity = 0;
                el.style.transformOrigin = 'left';
            },
            // 进入时的动画
            enter: function (el, done) {
                Velocity(el, { opacity: 1, fontSize: '2em' }, { duration: 300 });
                Velocity(el, { fontSize: '1em' }, { complete: done });
            },
            //离开时的动画
            leave: function (el, done) {
                Velocity(el, { translateX: '15px', rotateZ: '50deg' }, { duration:
600 });
                Velocity(el, { rotateZ: '100deg' }, { loop: 5 });
                Velocity(el, {
                    rotateZ: '45deg',
                    translateY: '30px',
                    translateX: '30px',
                    opacity: 0
                }, { complete: done })
            }
        }
    //在指定的 DOM 元素上装载应用程序实例的根组件
```

```
    }).mount('#app');
</script>
```

在 Chrome 浏览器中运行程序，单击"雪晴晚望"按钮，进入动画，效果如图 12-10 所示；再次单击"雪晴晚望"按钮，离开动画，效果如图 12-11 所示。

图 12-10　进入动画效果

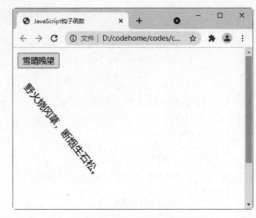

图 12-11　离开动画效果

Velocity 动画的配置选项如下：

```
duration:400,             //动画执行时间
easing: "swing",          //缓动效果
queue: "",                //队列
begin:undefined,          //动画开始时的回调函数
progress: undefined,      //动画执行中的回调函数（该函数会随着动画的执行不断被触发）
complete: undefined,      //动画结束时的回调函数
display: undefined,       //动画结束时设置元素的css display属性
visibility: undefined,    //动画结束时设置元素的css visibility属性
loop: false,              //循环次数
delay: false,             //延迟
mobileHA: true            //移动端硬件加速（默认开启）
```

12.2　初始渲染的过渡

Vue 可以通过 appear 属性设置节点在初始渲染的过渡效果：

```
<transition appear>
    <!-- ... -->
</transition>
```

这里默认和进入/离开过渡效果一样，同样也可以自定义 CSS 类名。

```
<transition
    appear
    appear-class="custom-appear-class"
    appear-to-class="custom-appear-to-class"
    appear-active-class="custom-appear-active-class"
>
```

```
<!-- ... -->
</transition>
```

【例 12.7】 appear 属性（源代码\ch12\12.7.html）。

```
<style>
    .custom-appear{
        font-size: 50px;
        color: #c65ee2;
        background: #3d9de2;
    }
    .custom-appear-to{
        color: #e26346;
        background: #488913;
    }
    .custom-appear-active{
        color: red;
        background: #CEFFCE;
        transition: all 3s ease;
    }
</style>
<div id="app">
    <transition
            appear
            appear-class="custom-appear"
            appear-to-class="custom-appear-to"
            appear-active-class="custom-appear-active"
    >
        <p>野火烧冈草，断烟生石松。</p>
    </transition>
</div>
<!--引入 Vue 文件-->
<script src="https://unpkg.com/vue@next"></script>
<script>
    //创建一个应用程序实例
    const vm= Vue.createApp({ }).mount('#app');
</script>
```

在 Chrome 浏览器中运行程序，页面一加载就会执行初始渲染的过渡样式，效果如图 12-12 所示；最后恢复原来的效果，如图 12-13 所示。

图 12-12 初始渲染的过渡效果

图 12-13 显示内容

还可以自定义 JavaScript 钩子函数：

```
<transition
    appear
    v-on:before-appear="customBeforeAppearHook"
    v-on:appear="customAppearHook"
```

```
    v-on:after-appear="customAfterAppearHook"
    v-on:appear-cancelled="customAppearCancelledHook"
>
    <!-- ... -->
</transition>
```

在上面的例子中，无论是 appear 属性还是 v-on:appear 钩子，都会生成初始渲染过渡。

12.3　多个元素的过渡

常见的多标签过渡是一个列表和描述这个列表为空消息的元素：

```
<transition>
    <table v-if="items.length > 0">
        <!-- ... -->
    </table>
    <p v-else>Sorry, no items found.</p>
</transition>
```

注意，当有相同标签名的元素切换时，需要通过 key 属性设置唯一的值来标记，以便让 Vue 区分它们，否则 Vue 为了效率只会替换相同标签内部的内容。例如下面的代码：

```
<transition>
    <button v-if="isEditing" key="save">
      Save
    </button>
    <button v-else key="edit">
      Edit
    </button>
</transition>
```

在一些场景中，也可以通过给同一个元素的 key attribute 设置不同的状态来代替 v-if 和 v-else，上面的例子可以重写为：

```
<transition>
    <button v-bind:key="isEditing">
      {{ isEditing ? 'Save' : 'Edit' }}
    </button>
</transition>
```

使用多个 v-if 的多个元素的过渡可以重写为绑定了动态 property 的单个元素过渡。例如：

```
<transition>
    <button v-if="docState === 'saved'" key="saved">
      Edit
    </button>
    <button v-if="docState === 'edited'" key="edited">
      Save
    </button>
    <button v-if="docState === 'editing'" key="editing">
      Cancel
    </button>
</transition>
```

可以重写为：

```
<transition>
   <button v-bind:key="docState">
     {{ buttonMessage }}
   </button>
</transition>
computed: {
   buttonMessage: function () {
     switch (this.docState) {
       case 'saved': return 'Edit'
       case 'edited': return 'Save'
       case 'editing': return 'Cancel'
     }
   }
}
```

12.4　列　表　过　渡

前面介绍了使用 transition 组件实现过渡和动画效果，而渲染整个列表则使用\<transition-group\>组件。\<transition-group\>组件有以下几个特点：

（1）不同于\<transition\>，它会以一个真实元素呈现：默认为一个\<span\>，也可以通过 tag 属性更换为其他元素。

（2）过渡模式不可用，因为我们不再相互切换特有的元素。

（3）内部元素总是需要提供唯一的 key 属性值。

（4）CSS 过渡的类将会应用在内部的元素中，而不是这个组/容器本身。

12.4.1　列表的进入/离开过渡

下面通过一个例子来学习如何设计列表的进入/离开过渡效果。

【例 12.8】　列表的进入/离开过渡（源代码\ch12\12.8.html）。

```
<style>
   .list-item {
     display: inline-block;
     margin-right: 10px;
   }
   .list-enter-active, .list-leave-active {
     transition: all 1s;
   }
   .list-enter, .list-leave-to{
     opacity: 0;
     transform: translateY(30px);
   }
</style>
<div id="app" class="demo">
   <button v-on:click="add">添加</button>
   <button v-on:click="remove">移除</button>
```

```
        <transition-group name="list" tag="p">
            <span v-for="item in items" v-bind:key="item" class="list-item">
              {{ item }}
            </span>
        </transition-group>
    </div>
    <!--引入 Vue 文件-->
    <script src="https://unpkg.com/vue@next"></script>
    <script>
        //创建一个应用程序实例
        const vm= Vue.createApp({
            //该函数返回数据对象
            data(){
              return{
                items: [10,20,30,40,50,60,70,80,90],
                nextNum: 10
              }
            },
            methods: {
                randomIndex: function () {
                    return Math.floor(Math.random() * this.items.length)
                },
                add: function () {
                    this.items.splice(this.randomIndex(), 0, this.nextNum++)
                },
                remove: function () {
                    this.items.splice(this.randomIndex(),1)
                }
            }
        //在指定的 DOM 元素上装载应用程序实例的根组件
        }).mount('#app');
    </script>
```

在 Chrome 浏览器中运行程序，单击"添加"按钮，向数组中添加内容，触发进入效果，效果如图 12-14 所示；单击"移除"按钮删除一个数，触发离开效果，效果如图 12-15 所示。

图 12-14　添加效果

图 12-15　删除效果

这个例子有一个问题，当添加和移除元素的时候，周围的元素会瞬间移动到它们新布局的位置，而不是平滑地过渡，接下来我们会解决这个问题。

12.4.2　列表的排序过渡

<transition-group>组件还有一个特殊之处，不仅可以进入和离开动画，还可以改变定位。要使用这个新功能，只需了解新增的 v-move class，它会在元素改变定位的过程中应用。与之前的类名一样，可以通过 name 属性来自定义前缀，也可以通过 move-class 属性手动设置。

v-move 对于设置过渡的切换时机和过渡曲线非常有用。

【例 12.9】 列表的排序过渡（源代码\ch12\12.9.html）。

```html
<script src="lodash.js"></script>
<style>
    .flip-list-move {
        transition: transform 1s;
    }
</style>
<div id="app" class="demo">
    <button v-on:click="shuffle">排序过渡</button>
    <transition-group name="flip-list" tag="ul">
        <li v-for="item in items" v-bind:key="item">
            {{ item }}
        </li>
    </transition-group>
</div>
<!--引入 Vue 文件-->
<script src="https://unpkg.com/vue@next"></script>
<script>
    //创建一个应用程序实例
    const vm= Vue.createApp({
        //该函数返回数据对象
        data(){
          return{
            items: [10,20,30,40,50,60,70,80,90],
            nextNum: 10
          }
        },
        methods: {
            shuffle: function () {
                this.items = _.shuffle(this.items)
            }
        }
    //在指定的 DOM 元素上装载应用程序实例的根组件
    }).mount('#app');
</script>
```

在 Chrome 浏览器中运行程序，效果如图 12-16 所示；单击"排序过渡"按钮，将会重新排列数字顺序，效果如图 12-17 所示。

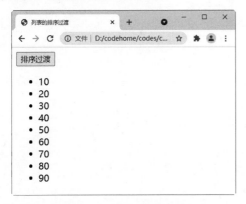
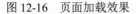

图 12-16 页面加载效果

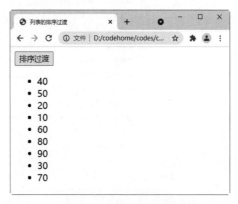

图 12-17 重新排列效果

在上面的示例中，Vue 使用了一个叫 FLIP 的简单动画队列，使用其中的 transforms 将元素从之前的位置平滑过渡到新的位置。

12.4.3　列表的交错过渡

通过 data 选项与 JavaScript 通信，就可以实现列表的交错过渡。下面通过一个过滤器的示例看一下效果。

【例 12.10】　列表的交错过渡（源代码\ch12\12.10.html）。

```html
<script src="velocity.js"></script>
<div id="app" class="demo">
    <input v-model="query">
    <transition-group
        name="staggered-fade"
        tag="ul"
        v-bind:css="false"
        v-on:before-enter="beforeEnter"
        v-on:enter="enter"
        v-on:leave="leave"
    >
        <li
            v-for="(item, index) in computedList"
            v-bind:key="item.msg"
            v-bind:data-index="index"
        >{{ item.msg }}</li>
    </transition-group>
</div>
<!--引入 Vue 文件-->
<script src="https://unpkg.com/vue@next"></script>
<script>
    //创建一个应用程序实例
    const vm= Vue.createApp({
        //该函数返回数据对象
        data(){
          return{
            query: '',
            list: [
                { msg: 'apple' },
                { msg: 'almond'},
                { msg: 'banana' },
                { msg: 'coconut' },
                { msg: 'date' },
                { msg: 'mango' },
                { msg: 'apricot'},
                { msg: 'banana' },
                { msg: 'bitter'}
            ]
          }
        },
        computed: {
            computedList: function () {
                var vm = this
                return this.list.filter(function (item) {
                    return item.msg.toLowerCase().indexOf(vm.query.toLowerCase())!== -1
                })
            }
```

```
        },
        methods: {
            beforeEnter: function (el) {
                el.style.opacity = 0
                el.style.height = 0
            },
            enter: function (el, done) {
                var delay = el.dataset.index * 150
                setTimeout(function () {
                    Velocity(
                        el,
                        { opacity: 1, height: '1.6em' },
                        { complete: done }
                    )
                }, delay)
            },
            leave: function (el, done) {
                var delay = el.dataset.index * 150
                setTimeout(function () {
                    Velocity(
                        el,
                        { opacity: 0, height: 0 },
                        { complete: done }
                    )
                }, delay)
            }
        }
//在指定的 DOM 元素上装载应用程序实例的根组件
    })).mount('#app');
</script>
```

在 Chrome 浏览器中运行程序，效果如图 12-18 所示；在输入框中输入"a"，可以发现过滤掉了不带 a 的选项，如图 12-19 所示。

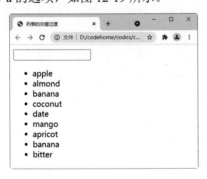

图 12-18　页面加载效果

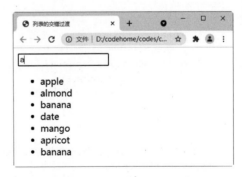

图 12-19　过滤掉一些数据

12.5　综合案例 1——商品编号增加器

本案例使用列表过渡的知识设计一个商品编号增加器。使用 transition-group 来包裹列表，相当于在每个 div 上都加上了一个 transition。代码如下：

```html
<!DOCTYPE html>
<html>
<head>
    <meta charset="UTF-8">
    <title>商品编号增加器</title>
    <script src="https://unpkg.com/vue@next"></script>
    <style>
        .v-enter, .v-leave-to {
            opacity: 0;
        }
        .v-enter-active, .v-leave-active {
            transition: opacity 2s;
        }
    </style>
</head>
<body>
    <div id="app">
        <transition-group>
            <!-- 这里尽量不使用 index 作为 key -->
            <div v-for="(item, index) of list" :key="item.id">
                {{item.title}}
            </div>
        </transition-group>
         <button @click="handleBtnClick">增加</button>
    </div>
    <script>
        var count = 0;
    //创建一个应用程序实例
    const vm= Vue.createApp({
        //该函数返回数据对象
        data(){
          return{
            list: []
          }
        } ,
         methods: {
            handleBtnClick () {
                this.list.push({
                    id:count++,
                    title: '商品编号: '+" "+ count
                })
            }
          }
        }
    //在指定的 DOM 元素上装载应用程序实例的根组件
    }).mount('#app');
</script>
</body>
</html>
```

在 Chrome 浏览器中运行程序，多次单击"增加"按钮，效果如图 12-20 所示。

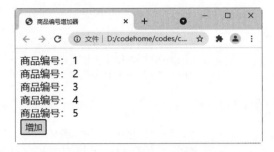

图 12-20　商品编号增加器

12.6　综合案例 2——设计下拉菜单的过渡动画

本案例使用列表过渡的知识设计一个下拉菜单的过渡动画效果，实现同时展开一级菜单和二级菜单的效果。案例代码如下：

```
<!DOCTYPE html>
<html>
<head>
    <meta charset="utf-8">
    <title>过渡下拉菜单</title>
    <style type="text/css">
        #main {
            background-color:#CEFFCE;
            width: 300px;
        }
        #main ul{
            height: 9 rem;
            overflow-x: hidden;
        }
        .fade-enter-active, .fade-leave-active{
            transition: height 0.5s
        }
        .fade-enter, .fade-leave-to{
            height: 0
        }
    </style>
    <script src="https://unpkg.com/vue@next"></script>
</head>
<body>
    <div id="main">
        <button @click="test">主页</button>
        <transition name="fade">
            <ul v-if="show">
                <li>经典课程</li>
                    <ul>
                        <li><a href="#">Python 开发课程</a></li>
                        <li><a href="#">Java 开发课程</a></li>
                        <li><a href="#">网站前端开发课程</a></li>
                    </ul>
```

```
                <li>热门技术</li>
                    <ul>
                        <li><a href="#">前端开发技术</a></li>
                        <li><a href="#">网络安全技术</a></li>
                        <li><a href="#">PHP 开发技术</a></li>
                    </ul>
                <li>畅销教材</li>
                    <ul>
                        <li><a href="#">网站前端开发教材</a></li>
                        <li><a href="#">C 语言入门教材</a></li>
                        <li><a href="#">Python 开发教材</a></li>
                    </ul>
                <li>联系我们</li>
            </ul>
        </transition>
    </div>
<script>
    //创建一个应用程序实例
    const vm= Vue.createApp({
        //该函数返回数据对象
        data(){
          return{
            show: false
            }
        } ,
        methods: {
            test () {
                this.show = !this.show;
            }
        }
    //在指定的 DOM 元素上装载应用程序实例的根组件
    }).mount('#main');
</script>
</body>
</html>
```

在 Chrome 浏览器中运行程序，效果如图 12-21 所示。单击"主页"按钮，效果如图 12-22 所示。

图 12-21　下拉菜单的初始效果

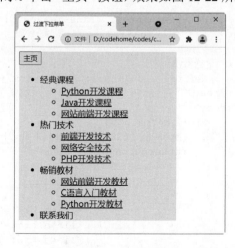

图 12-22　展开下拉菜单

12.7　疑 难 解 惑

疑问 1： 如何同时使用过渡和动画？

Vue为了知道过渡是否已经完成，必须设置相应的事件监听器。它可以是transitionend或animationend，这取决于给元素应用的CSS规则。如果使用其中任何一种，Vue能自动识别类型并设置监听。

但是，在一些场景中，需要给同一个元素同时设置两种过渡动画，比如animation很快被触发并完成了，而transition效果还没结束。在这种情况下，就需要使用type属性并设置animation或transition来明确声明需要Vue监听的类型。

疑问 2： 如何设置过渡的持续时间？

在大多数情况下，Vue可以自动得出过渡效果的完成时机。默认情况下，Vue会等待其在过渡效果的根元素的第一个transitionend或animationend事件。然而也可以不这样设定，比如可以拥有一个精心编排的一系列过渡效果，其中一些嵌套的内部元素相比于过渡效果的根元素有延迟的或更长的过渡效果。

在这种情况下，可以用\<transition\>组件上的 duration prop 定制一个显性的过渡持续时间（以毫秒计）：

```
<transition :duration="1000">...</transition>
```

也可以定制进入和移出的持续时间：

```
<transition :duration="{ enter: 500, leave: 800 }">...</transition>
```

第13章

精通 Vue CLI 和 Vite

开发大型单页面应用时，需要考虑项目的组织结构、构建、部署、热加载等问题，这些工作非常耗费时间，影响项目的开发效率。为此，本章将介绍一些创建脚手架的工具。脚手架致力于将 Vue 生态中的工具基础标准化。它确保了各种构建工具能够基于智能的默认配置平稳衔接，这样可以把精力放在开发应用的核心业务上，而不必花时间去纠结配置的问题。

13.1 脚手架的组件

Vue CLI 是一个基于 Vue.js 进行快速开发的完整系统，提供以下功能：

（1）通过@vue/cli 搭建交互式的项目脚手架。

（2）通过@vue/cli + @vue/cli-service-global 快速开始零配置原型开发。

（3）一个运行时的依赖（@vue/cli-service），该依赖基于 Webpack 构建，并带有合理的默认配置，该依赖可升级，也可以通过项目内的配置文件进行配置，还可以通过插件进行扩展。

（4）一个丰富的官方插件集合，集成了前端生态中最好的工具。

（5）一套完全图形化的创建和管理 Vue.js 项目的用户界面。

Vue CLI 有几个独立的部分，如果了解过 Vue 的源代码，就会发现这个仓库中同时管理了多个单独发布的包。下面我们分别讲解这些包。

1. CLI

CLI（@vue/cli）是一个全局安装的 NPM 包，提供了终端使用的 Vue 命令。它可以通过 vue create 命令快速创建一个新项目的脚手架，或者直接通过 vue serve 命令构建新想法的原型。也可以使用 vue ui 命令，通过一套图形化界面管理用户的所有项目。

2. CLI 服务

CLI 服务（@vue/cli-service）是一个开发环境依赖。它是一个 NPM 包，局部安装在每个 @vue/cli 创建的项目中。CLI 服务构建于 Webpack 和 webpack-dev-server 之上，它包含以下内容：

（1）加载其他 CLI 插件的核心服务。

（2）一个针对绝大部分应用优化过的内部的 Webpack 配置。

（3）项目内部的 vue-cli-service 命令，提供 serve、build 和 inspect 命令。

（4）熟悉 create-react-app 的话，@vue/cli-service 实际上大致等价于 react-scripts，尽管功能集合不一样。

3. CLI 插件

CLI 插件是向 Vue 项目提供可选功能的 NPM 包，例如 Babel/TypeScript 转译、ESLint 集成、单元测试和 end-to-end 测试等。Vue CLI 插件的名字以 @vue/cli-plugin-（内建插件）或 vue-cli-plugin-（社区插件）开头，非常容易使用。在项目内部运行 vue-cli-service 命令时，它会自动解析并加载 package.json 中列出的所有 CLI 插件。

插件可以作为项目创建过程的一部分，或在后期加入项目中。它也可以被归成一组可复用的 preset。

13.2　脚手架环境搭建

新版本的脚手架包名称由 vue-cli 改成了 @vue/cli。如果已经全局安装了旧版本的 vue-cli（1.x 或 2.x），需要先通过 npm uninstall vue-cli -g 或 yarn global remove vue-cli 命令卸载它。Vue CLI 需要安装 Node.js 8.9 或更高版本（推荐 8.11.0+）。

（1）在浏览器中打开 Node.js 官网，如图 13-1 所示，下载推荐版本。

（2）文件下载完成后，双击安装文件，进入欢迎界面，如图 13-2 所示。

图 13-1　Node.js 官网

图 13-2　Node.js 安装欢迎界面

（3）单击 Next 按钮，进入许可协议界面，选择 I accept the terms in the LiCense Agreement 复选框，如图 13-3 所示。

（4）单击 Next 按钮，进入设置安装路径界面，如图 13-4 所示。

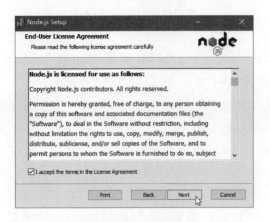

图 13-3　许可协议界面

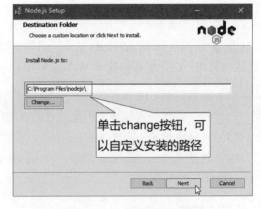

图 13-4　Node.js 设置安装路径界面

（5）单击 Next 按钮，进入自定义设置界面，如图 13-5 所示。

（6）单击 Next 按钮，进入本机模块设置工具界面，如图 13-6 所示。

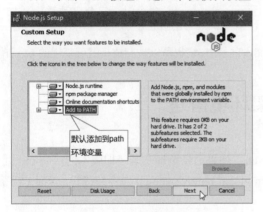

图 13-5　自定义设置界面

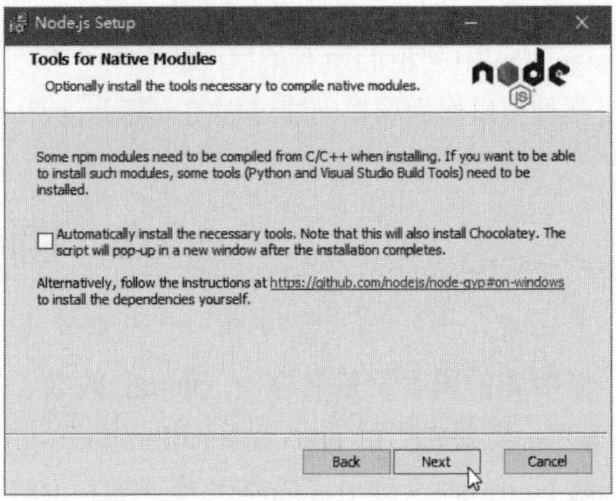

图 13-6　本机模块设置工具界面

（7）单击 Next 按钮，进入准备安装界面，如图 13-7 所示。

（8）单击 Install 按钮，开始安装并显示安装的进度，如图 13-8 所示。

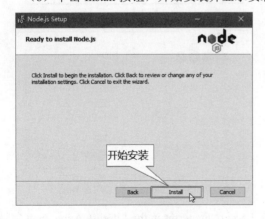

图 13-7　准备安装界面

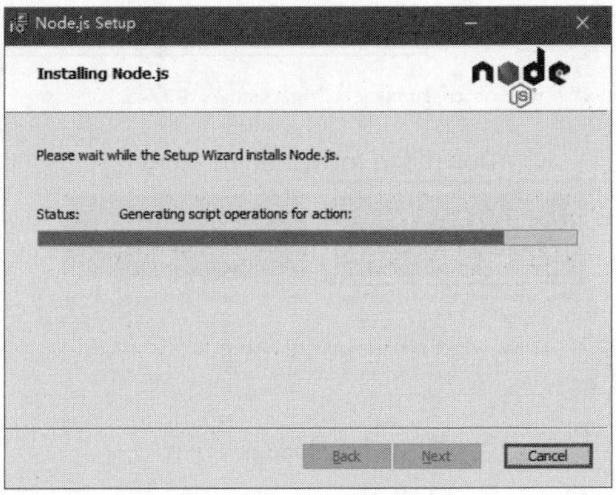

图 13-8　显示安装的进度

（9）安装完成后，单击 Finish 按钮，完成软件的安装，如图 13-9 所示。

图 13-9　完成软件的安装

安装成功后，需要检测是否安装成功。具体步骤如下：

（1）使用 Window+R 键打开"运行"对话框，然后在"运行"对话框中输入 cmd，如图 13-10 所示。

（2）单击"确定"按钮，即可打开 DOS 系统窗口，输入命令"node -v"，然后按回车键，如果出现 Node 对应的版本号，则说明安装成功，如图 13-11 所示。

图 13-10　在"运行"对话框中输入 cmd

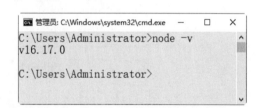

图 13-11　检查 Node 版本

提示：因为 Node.js 已经自带 NPM（包管理工具），直接在 DOS 系统窗口中输入命令 npm -v 来检验其版本，如图 13-12 所示。

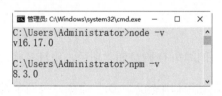

图 13-12　检查 NPM 版本

13.3　安装脚手架

可以使用下列命令来安装脚手架：

```
npm install -g @vue/cli
```

或者

```
yarn global add @vue/cli
```

这里使用 npm install -g @vue/cli 命令来安装。在窗口中输入命令，并按回车键，即可进行安装，如图 13-13 所示。

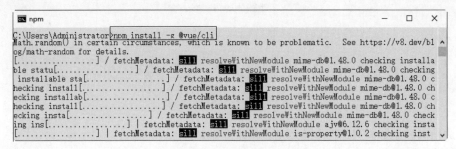

图 13-13　安装脚手架

提示：除了使用 npm 命令安装之外，还可以使用淘宝镜像（cnpm）来安装，安装的速度更快。使用 cnpm install -g @vue/cli 命令安装之后，可以使用 vue --version 命令检查版本是否正确（5.x），如图 13-14 所示。

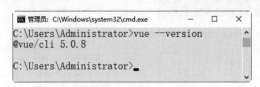

图 13-14　检查脚手架版本

13.4　创 建 项 目

上一节中脚手架的环境已经配置完成了，本节将讲解使用脚手架来快速创建项目。

13.4.1　使用命令

首先打开创建项目的路径，例如在 D:磁盘创建项目，项目名称为 mydemo。具体步骤如下：

（1）打开 DOS 系统窗口，在窗口中输入 "D:" 命令，按回车键进入 D 盘，如图 13-15 所示。

（2）在 D 盘创建 mydemo 项目。在 DOS 系统窗口中输入 "vue create mydemo" 命令，按回车键进行创建。紧接着会提示配置方式，包括 Vue 2.x 默认配置、Vue.js 3.x 默认配置和手动配置，使用方向键选择第二个选项，如图 13-16 所示。

注意：项目的名称不能大写，否则无法成功创建项目。

（3）这里选择 Vue.js 3.x 默认配置，直接按回车键，即可创建 mydemo 项目，并显示创建的过程，如图 13-17 所示。

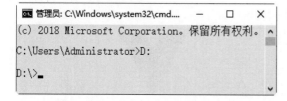

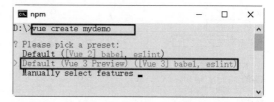

图 13-15　进入项目路径　　　　　　　　　图 13-16　选择配置方式

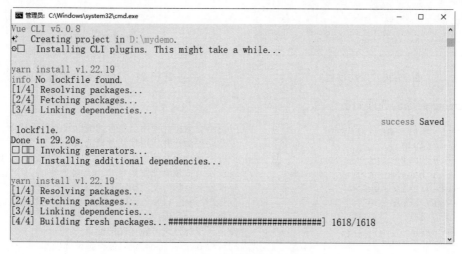

图 13-17　创建 mydemo 项目

（4）项目创建完成后，如图 13-18 所示。这时可在 D 盘上看见创建的项目文件夹，如图 13-19 所示。

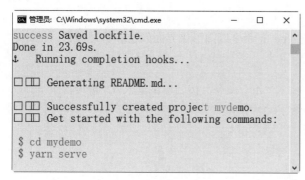

图 13-18　项目创建完成　　　　　　　　　图 13-19　创建的项目文件夹

（5）项目创建完成后，可以启动项目。紧接着上面的步骤，使用 cd mydemo 命令进入项目，然后使用脚手架提供的 npm run serve 命令启动项目，如图 13-20 所示。

（6）项目启动成功后，会提供本地的测试域名，只需要在浏览器地址栏中输入 http://localhost:8080/，即可打开项目，如图 13-21 所示。

提示：vue create 命令有一些可选项，可以通过运行以下命令进行探索：

```
vue create --help
```

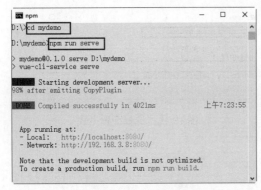

图 13-20　启动项目　　　　　　　　　　　图 13-21　　在浏览器中打开项目

vue create 命令的选项如下：

```
-p, --preset <presetName>        //忽略提示符并使用已保存的或远程的预设选项
-d, --default                    //忽略提示符并使用默认预设选项
-i, --inlinePreset <json>        //忽略提示符并使用内联的 JSON 字符串预设选项
-m, --packageManager <command>   //在安装依赖时使用指定的 npm 客户端
-r, --registry <url>             //在安装依赖时使用指定的 npm registry
-g, --git [message]              //强制/跳过 git 初始化，并可选的指定初始化提交信息
-n, --no-git                     //跳过 git 初始化
-f, --force                      //覆写目标目录可能存在的配置
-c, --clone                      //使用 git clone 获取远程预设选项
-x, --proxy                      //使用指定的代理创建项目
-b, --bare                       //创建项目时省略默认组件中的新手指导信息
-h, --help                       //输出使用帮助信息
```

13.4.2　使用图形化界面

除了可以使用命令创建项目外，还可以通过 vue ui 命令以图形化界面创建和管理项目。比如，这里创建名为 app 的项目，具体步骤如下：

（1）打开"命令提示符"窗口，在窗口中输入"d:"命令，按回车键进入 D 盘根目录下。然后在窗口中输入"vue ui"命令，按回车键，如图 13-22 所示。

图 13-22　启动图形化界面

（2）紧接着会在本地默认的浏览器上打开图形化界面，如图 13-23 所示。

（3）在图形化界面单击"创建"按钮，将显示创建项目的路径，如图 13-24 所示。

（4）单击"在此创建新项目"按钮，显示创建项目的界面，输入项目的名称"app"，在详情选项中，根据需要进行选择，如图 13-25 所示。

（5）单击"下一步"按钮，将展示"预设"选项，如图 13-26 所示。根据需要选择一套预设方案即可，这里选择第二项预设方案。

图 13-23　默认浏览器打开的图形化界面

图 13-24　单击"创建"按钮

图 13-25　详情选项配置

图 13-26　预设选项配置

（6）单击"创建项目"按钮，创建项目，如图 13-27 所示。

图 13-27　开始创建项目

（7）项目创建完成后，在 D 盘下即可看到 app 项目的文件夹。浏览器中将显示如图 13-28 所示的界面，其他 4 个部分（插件、项目依赖、项目配置和任务）分别如图 13-29~图 13-32 所示。

图 13-28　创建完成浏览器显示效果

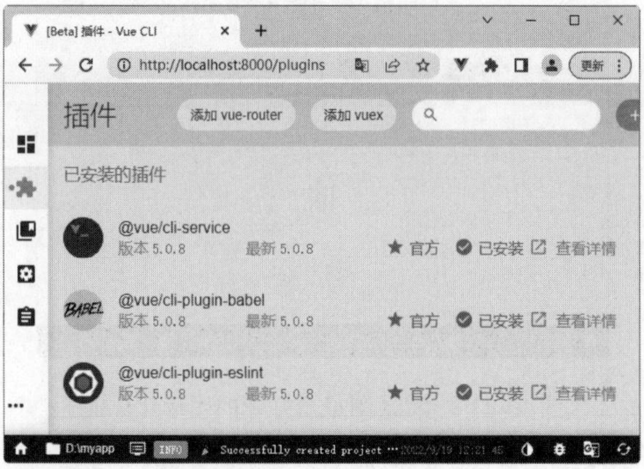

图 13-29　插件界面

图 13-30　项目依赖界面

图 13-31　项目配置界面

图 13-32　任务界面

13.5　分析项目结构

打开 mydemo 文件夹，目录结构如图 13-33 所示。

图 13-33　项目目录结构

项目目录下的文件夹和文件的用途说明如下：

（1）node_modules 文件夹：项目依赖的模块。

（2）public 文件夹：该目录下的文件不会被 Webpack 编译压缩处理，这里会存放引用的第三方库的 JS 文件。

（3）src 文件夹：项目的主目录。

（4）.gitignore：配置在 Git 提交项目代码时忽略哪些文件或文件夹。

（5）babel.config.js：Babel 使用的配置文件。

（6）package.json：NPM 的配置文件，其中设定了脚本和项目依赖的库。

（7）package-lock.json：用于锁定项目实际安装的各个 NPM 包的具体来源和版本号。

（8）REDAME.md：项目说明文件。

下面分析几个关键的文件代码，包括 src 文件夹下的 App.vue 文件和 main.js 文件、public 文件夹下的 index.html 文件。

1. App.vue 文件

该文件是一个单文件组件，包含组件代码、模板代码和 CSS 样式规则。这里引入了 HelloWorld 组件，然后在 template 中使用它。具体代码如下：

```
<template>
    <img alt="Vue logo" src="./assets/logo.png">
    <HelloWorld msg="Welcome to Your Vue.js App"/>
</template>
<script>
import HelloWorld from './components/HelloWorld.vue'
```

```
export default {
    name: 'App',
    components: {
        HelloWorld
    }
}
</script>
<style>
#app {
    font-family: Avenir, Helvetica, Arial, sans-serif;
    -webkit-font-smoothing: antialiased;
    -moz-osx-font-smoothing: grayscale;
    text-align: center;
    color: #2c3e50;
    margin-top: 60px;
}
</style>
```

2. main.js 文件

该文件是程序入口的 JavaScript 文件，主要用于加载各种公共组件和项目需要用到的插件，并创建 Vue 的根实例。具体代码如下：

```
import { createApp } from 'vue'        //Vue.js 3.x 中新增的 Tree-shaking 支持
import App from './App.vue'            //导入 App 组件

createApp(App).mount('#app')           //创建应用程序实例，加载应用程序实例的根组件
```

3. index.html 文件

该文件为项目的主文件，这里包含一个 id 为 app 的 div 元素，组件实例会自动挂载到该元素上。具体代码如下：

```
<!DOCTYPE html>
<html lang="">
<head>
    <meta charset="utf-8">
    <meta http-equiv="X-UA-Compatible" content="IE=edge">
    <meta name="viewport" content="width=device-width,initial-scale=1.0">
    <link rel="icon" href="<%= BASE_URL %>favicon.ico">
    <title><%= htmlWebpackPlugin.options.title %></title>
</head>
<body>
    <noscript>
      <strong>We're sorry but <%= htmlWebpackPlugin.options.title %> doesn't work
properly without JavaScript enabled. Please enable it to continue.</strong>
    </noscript>
    <div id="app"></div>
    <!-- built files will be auto injected -->
</body>
</html>
```

13.6　配置 Scss、Less 和 Stylus

现在流行的 CSS 预处理器有 Less、Sass 和 Stylus 等，如果想要在 Vue CLI 创建的项目中使用这些预处理器，可以在创建项目的时候进行配置。下面以配置 Scss 为例进行讲解，其他预处理的设置方法类似。

（1）使用 vue create sassdeom 命令创建项目时，选择手动配置模块，如图 13-34 所示。

（2）按回车键，进入模块配置界面，然后通过空格键选择要配置的模块，这里选择 CSS Pre-processors 来配置预处理器，如图 13-35 所示。

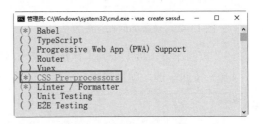

图 13-34　手动配置模块　　　　　　　　　　图 13-35　模块配置界面

（3）按回车键，进入选择版本界面，这里选择 3.x 选项，如图 13-36 所示。

（4）按回车键，进入 CSS 预处理器选择界面，这里选择 Sass/SCSS(with dart-sass)，如图 13-37 所示。

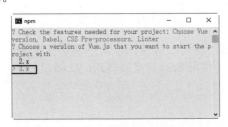
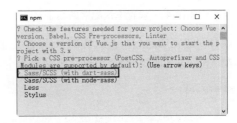

图 13-36　选择 3.x 选项　　　　　　　　　　图 13-37　选择 Sass/SCSS(with dart-sass)

（5）按回车键，进入代码格式和校验选项界面，这里选择默认的第一项，表示仅用于错误预防，如图 13-38 所示。

（6）按回车键，进入何时检查代码界面，这里选择默认的第一项，表示保存时检测，如图 13-39 所示。

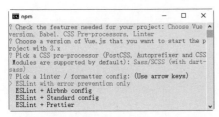
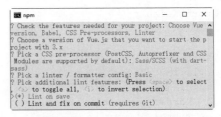

图 13-38　代码格式和校验选项界面　　　　　　图 13-39　何时检查代码界面

（7）按回车键，接下来设置如何保存配置信息，第 1 项表示在专门的配置文件中保存配置信息，第 2 项表示在 package.json 文件中保存配置信息，这里选择第 1 项，如图 13-40 所示。

（8）按回车键，接下来设置是否保存本次配置，如果选择保存本次配置，以后再使用 vue create 命令创建项目时，会出现保存过的配置供用户选择。这里输入"y"，表示保存本次配置，如图 13-41 所示。

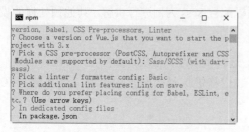

图 13-40　设置如何保存配置信息 　　　　图 13-41　保存本次配置

（9）按回车键，接下来为本次配置取个名字，这里输入"myset"，如图 13-42 所示。

（10）按回车键，项目创建完成后，结果如图 13-43 所示。

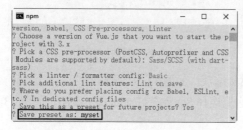

图 13-42　设置本次配置的名字 　　　　图 13-43　项目创建完成

项目创建完成之后，在组件的 style 标签中添加 lang="scss"，便可以使用 Scss 预处理器了。在 App.vue 组件中编写代码，定义了两个 div 元素，使用 Scss 定义其样式，代码如下：

```
<template>
    <div class="hello">
      <div class="big-box">
        大盒子
        <div class="small-box">
          小盒子
        </div>
      </div>
    </div>
</template>
<script>
export default {
    name: 'HelloWorld',
}
</script>
<style lang="scss">
    .big-box{
      border: 1px solid red;
      width: 500px;
      height: 300px;
```

```
  }
  .small-box {
    background-color: #ff0000;
    color: #000000;
    width: 200px;
    height: 100px;
    margin:20% 30%;
    color: #fff;
  }
</style>
```

使用 cd sassdemo 命令进入项目，然后使用脚手架提供的 npm run serve 命令启动项目，在浏览器中运行项目，效果如图 13-44 所示。

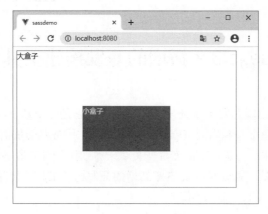

图 13-44　项目运行效果

13.7　配置文件 package.json

package.json 是 JSON 格式的 NPM 配置文件，定义了项目所需要的各种模块，以及项目的配置信息。在项目开发中经常需要修改该文件的配置内容。package.json 的代码和注释如下：

```
{
  "name": " app ",              //项目文件的名称
  "version": "0.1.0",           //项目版本
  "private": true,              //是否为私有项目
  "scripts": {                  //值是一个对象，其中设置了项目生命周期各个环节需要执行的命令
    "serve": "vue-cli-service serve",    //执行 npm run server，运行项目
    "build": "vue-cli-service build",    //执行 npm run build，构建项目
    "lint": "vue-cli-service lint"   //执行 npm run lint，运行 ESLint 验证并格式化代码

  "devDependencies": {                  //这里的依赖是用于开发环境的，不发布到生产环境中
    "@vue/cli-plugin-babel": "~4.5.0",
    "@vue/cli-plugin-eslint": "~4.5.0",
    "@vue/cli-service": "~4.5.0",
    "@vue/compiler-sfc": "^3.0.0",
    "babel-eslint": "^10.1.0",
    "eslint": "^6.7.2",
    "eslint-plugin-vue": "^7.0.0",
```

```
    "sass": "^1.26.5",
    "sass-loader": "^8.0.2"
  }
}
```

在使用 nmp 命令安装依赖的模块时，可以根据模块是否需要在生产环境下使用而选择附加-S 或者-D 参数。例如以下命令：

```
nmp install element-ui -S
//等价于
nmp install element-ui -save
```

安装后会在 dependencies 中写入依赖性，在项目打包发布时，dependencies 中写入的依赖性也会一起打包。

13.8　Vue.js 3.x 新增的开发构建工具——Vite

Vite 是 Vue 的作者尤雨溪开发的 Web 开发构建工具，它是一个基于浏览器原生 ES 模块导入的开发服务器，其在开发环境下，利用浏览器解析 import，在服务器端按需编译返回，完全跳过打包这个操作，服务器随启随用。可见，Vite 专注于提供一个快速的开发服务器和基本的构建工具。

不过需要特别注意的是，Vite 是 Vue 3.x 新增的开发构建工具，目前仅支持 Vue 3.x，所以与 Vue 3.x 不兼容的库不能与 Vite 一起使用。

Vite 提供了 npm 和 yarm 命令方式创建项目。

例如使用 npm 命令创建项目 myapp，命令如下：

```
npm init vite-app myapp
cd myapp
npm install
npm run dev
```

执行过程如图 13-45 所示。

图 13-45　使用 npm 命令创建项目 myapp

　　项目启动成功后，会提供本地的测试域名，只需要在浏览器地址栏中输入 http://localhost:3000/，即可打开项目，结果如图 13-46 所示。

图 13-46　　在浏览器中打开项目

使用 Vite 生成的项目结构和含义如下：

```
|-node_modules          -- 项目依赖包的目录
|-public                -- 项目公用文件
  |--favicon.ico        -- 网站地址栏前面的小图标
|-src                   -- 源文件目录，程序员主要工作的地方
  |-assets              -- 静态文件目录，图片图标，比如网站 LOGO
  |-components          -- Vue 3.x 的自定义组件目录
  |--App.vue            -- 项目的根组件，单页应用都需要
  |--index.css          -- 一般项目的通用 CSS 样式写在这里，main.js 引入
  |--main.js            -- 项目入口文件，SPA 单页应用都需要入口文件
|--.gitignore           -- Git 的管理配置文件，设置哪些目录或文件不管理
|-- index.html          -- 项目的默认首页，Vue 的组件需要挂载到这个文件上
|-- package-lock.json   --项目包的锁定文件，用于防止包版本不一样导致的错误
|-- package.json        -- 项目配置文件，包管理、项目名称、版本和命令
```

其中，配置文件 package.json 的代码如下：

```
{
    "name": "myapp",
    "version": "0.0.0",
    "scripts": {
      "dev": "vite",
      "build": "vite build"
    },
    "dependencies": {
      "vue": "^3.0.4"
    },
    "devDependencies": {
      "vite": "^1.0.0-rc.13",
      "@vue/compiler-sfc": "^3.0.4"
    }
}
```

如果需要构建生产环境下的发布版本，则只需要在终端窗口执行以下命令：

```
npm run build
```

如果使用 yarn 命令创建项目 myapp，则依次执行以下命令：

```
yarn create vite-app myapp
cd myapp
yarn
yarn dev
```

提示：如果没有安装 yarn，则执行以下命令安装 yarn：

```
npm install -g yarn
```

13.9 疑 难 解 惑

疑问 1：如何删除自定义的脚手架项目的配置？

如果要删除自定义的脚手架项目的配置，可以在操作系统的用户目录下找到.vuerc文件，然后找到配置信息删除即可。

疑问 2：下载别人的代码如何安装依赖呢？

在发布代码时，项目下的node_modules文件夹都不会发布。那么在下载了别人的代码后，怎么安装依赖呢？这时可以在项目根路径下执行npm install命令，该命令会根据package.json文件下载所需要的依赖。

第14章

使用 Vue Router 开发单页面应用

在传统的多页面应用中，不同页面之间的跳转都需要向服务器发起请求，服务器处理请求后向浏览器推送页面。但是在单页面应用中，整个项目中只存在一个 HTML 文件，当用户切换页面时，只是通过对这个唯一的 HTML 文件进行动态重写，从而达到响应用户的请求。由于访问的页面并不是真实存在的，页面间的跳转都是在浏览器端完成的，因此需要用到前端路由。本章将重点学习官方的路由管理器 Vue Router。

14.1 使用 Vue Router

下面来看一下如何在 HTML 页面和项目中使用 Vue Router。

14.1.1 在 HTML 页面使用路由

在 HTML 页面中使用路由有以下几个步骤：

（1）将 Vue Router 添加到 HTML 页面，这里采用直接引用 CDN 的方式添加前端路由：

```
<script src="https://unpkg.com/vue-router@next"></script>
```

（2）使用 router-link 标签来设置导航链接：

```
<!-- 默认渲染成 a 标签 -->
<router-link to="/home">首页</router-link>
<router-link to="/list">列表</router-link>
<router-link to="/details">详情</router-link>
```

当然，默认生成的是 a 标签，如果想要将路由信息生成别的 HTML 标签，可以使用 v-slot API 完全定制<router-link>。例如生成的标签类型为按钮。

```
<!--渲染成 button 标签-->
```

```
<router-link to="/list"  custom v-slot="{navigate}">
    <button @click="navigate" @keypress.enter="navigate"> 列表</button>
</router-link>
```

（3）指定组件在何处渲染，通过<router-view>指定：

```
<router-view></router-view>
```

当单击 router-link 标签时，会在<router-view>所在的位置渲染组件的模板内容。

（4）定义路由组件，这里定义的是一些简单的组件：

```
const home={template:'<div>home 组件的内容</div>'};
const list={template:'<div>list 组件的内容</div>'};
const details={template:'<div>details 组件的内容</div>'};
```

（5）定义路由，在路由中将前面定义的链接和定义的组件一一对应：

```
const routes=[
    {path:'/home',component:home},
    {path:'/list',component:list},
    {path:'/details',component:details},
];
```

（6）创建 Vue Router 实例，将上一步定义的路由配置作为选项传递进来：

```
const router= VueRouter.createRouter({
    //提供要实现的 history 实现。为了方便起见，这里使用 hash history
    history:VueRouter.createWebHashHistory(),
    routes          //简写，相当于 routes: routes
});
```

（7）在应用实例中调用 use()方法，传入上一步创建的 router 对象，从而让整个应用程序使用路由。

```
const vm= Vue.createApp({});
//使用路由器实例，从而让整个应用都有路由功能
vm.use(router);
vm.mount('#app');
```

至此，路由的配置就完成了。下面演示一下在 HTML 页面中使用路由。

【例 14.1】 在 HTML 页面中使用路由（源代码\ch14\14.1.html）。

```
<!DOCTYPE html>
<html>
<head>
    <meta charset="UTF-8">
    <title>在 HTML 页面中使用路由</title>
</head>
<body>
<style>
    #app{
        text-align: center;
    }
    .container {
        background-color: #73ffd6;
```

```
            margin-top: 20px;
            height: 100px;
        }
    </style>
    <div id="app">
        <!-- 通过 router-link 标签来生成导航链接 -->
        <router-link to="/home">首页</router-link>
        <router-link to="/list"  custom v-slot="{navigate}">
                <button @click="navigate" @keypress.enter="navigate"> 古诗欣赏
</button></router-link>
        <router-link to="/about" >联系我们</router-link>
        <!-路由匹配到的组件将在这里渲染 -->
        <div  class="container">
            <router-view ></router-view>
        </div>
    </div>
    <!--引入 Vue 文件-->
    <script src="https://unpkg.com/vue@next"></script>
    <!--引入 Vue Router-->
    <script src="https://unpkg.com/vue-router@next"></script>
    <script>
        //定义路由组件
        const home={template:'<div>主页内容</div>'};
        const list={template:'<div>我不践斯境,岁月好已积。晨夕看山川,事事悉如昔。</p></div>'};
        const about={template:'<div>需要技术支持请联系作者微信 codehome6</div>'};
        const routes=[
            {path:'/home',component:home},
            {path:'/list',component:list},
            {path:'/about',component:about},
        ];
        const router= VueRouter.createRouter({
            //提供要实现的 history 实现。为了方便起见,这里使用 hash history
            history:VueRouter.createWebHashHistory(),
            routes//简写,相当于 routes: routes
        });
        const vm= Vue.createApp({});
        //使用路由器实例,从而让整个应用都有路由功能
        vm.use(router);
        vm.mount('#app');
    </script>
    </body>
    </html>
```

在 Chrome 浏览器中运行程序,单击"古诗欣赏"链接,页面下方将显示对应的内容,如图 14-1 所示。

Vue 还可以嵌套路由,例如,在 list 组件中创建一个导航,导航包含"古诗 1"和"古诗 2"两个选项,每个选项的链接对应一个路由和组件。"古诗 1"和"古诗 2"两个选项分别对应 poetry1 和 poetry2 组件。

因此,在构建 URL 时,该地址应该位于/list URL 后面,从而更好地表达这种关系。所以,在 list 组件中又添加了一个 router-view 标签,用来渲染嵌套的组件内容。同时,在定义 routes 时,通过在参数中使用 children 属性,从而达到配置嵌套路由信息的目的。嵌套路由示例如下。

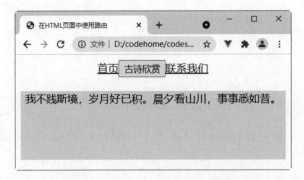

图 14-1　在 HTML 页面中使用路由

【例 14.2】　嵌套路由（源代码\ch14\14.2.html）。

```
<!DOCTYPE html>
<html>
<head>
    <meta charset="UTF-8">
    <title>嵌套路由</title>
<style>
        #app{
            text-align: center;
        }
        .container {
            background-color: #73ffd6;
            margin-top: 20px;
            height: 100px;
        }
    </style>
</head>
<body>
<div id="app">
    <!-- 通过 router-link 标签来生成导航链接 -->
    <router-link to="/home">首页</router-link>
    <router-link to="/list"  custom v-slot="{navigate}">
            <button @click="navigate" @keypress.enter="navigate"> 古诗欣赏
</button></router-link>
    <router-link to="/about">关于我们</router-link>
    <div class="container">
        <!-- 将选中的路由渲染到 router-view 下-->
        <router-view></router-view>
    </div>
</div>
<template id="tmpl">
    <div>
        <h3>列表内容</h3>
        <!-- 生成嵌套子路由地址 -->
        <router-link to="/list/poetry1">古诗 1</router-link>
        <router-link to="/list/poetry2">古诗 2</router-link>
        <div class="sty">
            <!-- 生成嵌套子路由渲染节点 -->
            <router-view></router-view>
        </div>
```

```
        </div>
    </template>
    <!--引入 Vue 文件-->
    <script src="https://unpkg.com/vue@next"></script>
    <!--引入 Vue Router-->
    <script src="https://unpkg.com/vue-router@next"></script>
    <script>
        const home={template:'<div>主页内容</div>'};
        const list={template:'#tmpl'};
        const about={template:'<div>需要技术支持请联系作者微信 codehome6</div>'};
        const poetry1 = {
            template: '<div> 红颜弃轩冕，白首卧松云。</div>'
        };
        const poetry2 = {
            template: '<div>为问门前客，今朝几个来。</div>'
        };
        // 定义路由信息
        const routes = [
            // 路由重定向：当路径为/时，重定向到/list 路径
            {
                path: '/',
                redirect: '/list'
            },
            {
                path: '/home',
                component: home,
            },
            {
                path: '/list',
                component: list,
                //嵌套路由
                children: [
                    {
                        path: 'poetry1',
                        component: poetry1
                    },
                    {
                        path: 'poetry2',
                        component: poetry2
                    },
                ]
            },
            {
                path: '/about',
                component:about,
            }
        ];
        const router= VueRouter.createRouter({
            //提供要实现的 history 实现。为了方便起见，这里使用 hash history
            history:VueRouter.createWebHashHistory(),
            routes  //简写，相当于 routes: routes
        });
        const vm= Vue.createApp({});
        //使用路由器实例，从而让整个应用都有路由功能
        vm.use(router);
```

```
        vm.mount('#app');
</script>
</body>
</html>
```

在 Chrome 浏览器中运行程序，单击"古诗欣赏"链接，然后单击"古诗 2"链接，效果如图 14-2 所示。

图 14-2　路由实现

14.1.2　在项目中使用路由

在 Vue 脚手架创建的项目中使用路由，可以在创建项目时选择配置路由。

例如，使用 vue create router-demo 创建项目，在配置选项时，选择手动配置，然后配置 Router，如图 14-3 所示。

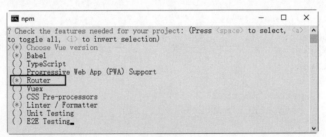

图 14-3　配置 Router

项目创建完成之后，运行项目，然后在浏览器中打开项目，可以发现页面顶部有 Home 和 About 两个可切换的选项，如图 14-4 所示。

图 14-4　项目运行效果

这是脚手架默认创建的例子。在创建项目的时候配置路由之后，在使用的时候就不需要再进行配置了。

具体实现和前面的示例基本一样。在项目的 view 目录下可以看到 Home 和 About 两个组件，在根组件中创建导航，有 Home 和 About 两个选项，使用<router-link>来设置导航链接，通过<router-view>指定 Home 和 About 组件在根组件 App 中渲染，App 组件代码如下：

```
<template>
   <div id="app">
     <div id="nav">
       <router-link to="/">Home</router-link> |
       <router-link to="/about">About</router-link>
     </div>
     <router-view/>
   </div>
</template>
```

然后在项目 router 目录的 index.js 文件夹下配置路由信息。index.js 在 main.js 文件中进行了注册，所以在项目中可以直接使用路由。

在 index.js 文件中通过路由把 Home 和 About 组件和对应的导航链接对应起来，路由在 routes 数组中进行配置，代码如下：

```
const routes = [
{
   path: '/',
   name: 'Home',
   component: Home
},
{
   path: '/about',
   name: 'About',
   component: () => import(/* webpackChunkName: "about" */ '../views/About.vue')
}
]
```

在项目中就可以这样使用路由。

14.2　命　名　路　由

在某些时候，生成的路由 URL 地址可能会很长，在使用中可能会显得有些不便。这时通过一个名称来标识一个路由更方便一些。因此，在 Vue Router 中，可以在创建 Router 实例的时候，通过在 routes 配置中给某个路由设置名称，从而方便地调用路由。

```
routes:[
   {
     path: '/form',
     name: 'router1',
     component: '<div>form 组件</div>'
   }
]
```

使用了命名路由之后，在需要使用 router-link 标签进行跳转时，可以采取给 router-link 的 to 属性传一个对象的方式，跳转到指定的路由地址上，例如：

```
<router-link :to="{ name:'router1'}">名称</router-link>
```

【例 14.3】 命名路由（源代码\ch14\14.3.html）。

```html
<!DOCTYPE html>
<html>
<head>
    <meta charset="UTF-8">
    <title>命名路由</title>
</head>
<body>
<style>
        #app{
            text-align: center;
        }
        .container {
            background-color: #73ffd6;
            margin-top: 20px;
            height: 100px;
        }
    </style>
<div id="app">
    <router-link :to="{name:'router1'}">首页</router-link>
    <router-link to="/list"  custom v-slot="{navigate}">
            <button @click="navigate" @keypress.enter="navigate"> 古诗欣赏
</button></router-link>

    <router-link :to="{name:'router3'}" >联系我们</router-link>
    <!--路由匹配到的组件将在这里渲染 -->
    <div  class="container">
        <router-view ></router-view>
    </div>
</div>
<!--引入 Vue 文件-->
<script src="https://unpkg.com/vue@next"></script>
<!--引入 Vue Router-->
<script src="https://unpkg.com/vue-router@next"></script>
<script>
    //定义路由组件
    const home={template:'<div>home 组件的内容</div>'};
    const list={template:'<div>红颜弃轩冕，白首卧松云。</div>'};
    const details={template:'<div>需要技术支持请联系作者微信 codehome6</div>'};
    const routes=[
        {path:'/home',component:home,name: 'router1',},
        {path:'/list',component:list,name: 'router2',},
        {path:'/details',component:details,name: 'router3',},
    ];
    const router= VueRouter.createRouter({
        //提供要实现的 history 实现。为了方便起见，这里使用 hash history
        history:VueRouter.createWebHashHistory(),
        routes//简写，相当于 routes: routes
    });
```

```
      const vm= Vue.createApp({});
      //使用路由器实例,从而让整个应用都有路由功能
      vm.use(router);
      vm.mount('#app');
</script>
</body>
</html>
```

在 Chrome 浏览器中运行程序,效果如图 14-5 所示。

图 14-5　命名路由

还可以使用 params 属性设置参数,例如:

```
<router-link :to="{ name: 'user', params: { userId: 123 }}">User</router-link>
```

这跟在代码中直接使用 router.push()是一样的:

```
router.push({ name: 'user', params: { userId: 123 }})
```

这两种方式都会把路由导航到/user/123 路径。

14.3　命　名　视　图

当打开一个页面时,整个页面可能是由多个 Vue 组件所构成的。例如,后台管理首页可能是由 sidebar(侧导航)、header(顶部导航)和 main(主内容)这 3 个 Vue 组件构成的。此时,通过 Vue Router 构建路由信息时,如果一个 URL 只能对应一个 Vue 组件,则整个页面是无法正确显示的。

在上一节构建路由信息的时候,使用到两个特殊的标签:router-view 和 router-link。通过 router-view 标签可以指定组件渲染显示到什么位置。当需要在一个页面上显示多个组件的时候,就需要在页面中添加多个 router-view 标签。

那么,是不是可以通过一个路由对应多个组件,然后按需渲染在不同的 router-view 标签上呢?按照上一节关于 Vue Router 的使用方法,可以很容易地实现下面的示例代码。

【例 14.4】　测试一个路由对应多个组件(源代码\ch14\14.4.html)。

```
<!DOCTYPE html>
<html>
<head>
    <meta charset="UTF-8">
    <title>测试一个路由对应多个组件</title>
```

```html
</head>
<body>
<style>
    #app{
        text-align: center;
    }
    .container {
        background-color: #73ffd6;
        margin-top: 20px;
        height: 100px;
    }
</style>
<div id="app">
    <router-view></router-view>
    <div class="container">
        <router-view></router-view>
        <router-view></router-view>
    </div>
</div>
<template id="sidebar">
    <div class="sidebar">
        侧边栏内容
    </div>
</template>
<!--引入 Vue 文件-->
<script src="https://unpkg.com/vue@next"></script>
<!--引入 Vue Router-->
<script src="https://unpkg.com/vue-router@next"></script>
<script>
    // 1.定义路由跳转的组件模板
    const header = {
        template: '<div class="header"> 头部内容 </div>'
    }
    const sidebar = {
        template: '#sidebar',
    }
    const main = {
        template: '<div class="main">主要内容</div>'
    }
    // 2.定义路由信息
    const routes = [{
        path: '/',
        component: header
    }, {
        path: '/',
        component: sidebar
    }, {
        path: '/',
        component: main
    }];
    const router= VueRouter.createRouter({
        //提供要实现的 history 实现。为了方便起见，这里使用 hash history
        history:VueRouter.createWebHashHistory(),
        routes   //简写，相当于 routes: routes
    });
```

```
    const vm= Vue.createApp({});
    //使用路由器实例，从而让整个应用都有路由功能
    vm.use(router);
    vm.mount('#app');
</script>
</body>
</html>
```

在 Chrome 浏览器中运行程序，效果如图 14-6 所示。

可以看到，并没有实现按需渲染组件的效果。当一个路由信息对应多个组件时，无论有多少个 router-view 标签，程序都会将第一个组件渲染到所有的 router-view 标签上。

在 Vue Router 中，可以通过命名视图的方式，实现一个路由信息按照需要渲染到页面中指定的 router-view 标签。

图 14-6　一个路由对应多个组件

命名视图与命名路由的实现方式相似，命名视图通过在 router-view 标签上设定 name 属性，之后在构建路由与组件的对应关系时，以一种 name:component 的形式构造出一个组件对象，从而指明在哪个 router-view 标签上加载什么组件。

注意：在指定路由对应的组件时，使用 components（包含 s）属性配置组件。

实现命名视图的代码如下：

```
<div id="app">
   <router-view></router-view>
   <div class="container">
       <router-view name="sidebar"></router-view>
       <router-view name="main"></router-view>
   </div>
</div>
<script>
   // 定义路由信息
   const routes = [{
       path: '/',
       components: {
           default: header,
           sidebar: sidebar,
           main: main
       }
   }]
</script>
```

在 router-view 中，name 属性值默认为 default，所以这里的 header 组件对应的 router-view 标签可以不设定 name 属性值。完整示例如下。

【例 14.5】　命名视图（源代码\ch14\14.5.html）。

```
<!DOCTYPE html>
<html>
```

```html
<head>
    <meta charset="UTF-8">
    <title>测试一个路由对应多个组件</title>
</head>
<body>
<style>
        .style1{
            height: 20vh;
            background: #0BB20C;
            color: white;
        }
        .style2{
            background: #9e8158;
            float: left;
            width: 30%;
            height: 70vh;
            color: white;
        }
        .style3{
            background: #2d309e;
            float: left;
            width: 70%;
            height: 70vh;
            color: white;
        }
    </style>
<div id="app">
    <div class="style1">
        <router-view></router-view>
    </div>
    <div class="container">
        <div class="style2">
            <router-view name="sidebar"></router-view>
        </div>
        <div class="style3">
            <router-view name="main"></router-view>
        </div>
    </div>
</div>
<template id="sidebar">
    <div class="sidebar">
        侧边栏导航内容
    </div>
</template>
<!--引入Vue文件-->
<script src="https://unpkg.com/vue@next"></script>
<!--引入Vue Router-->
<script src="https://unpkg.com/vue-router@next"></script>
<script>
    // 1.定义路由跳转的组件模板
    const header = {
        template: '<div class="header"> 头部内容 </div>'
    }
    const sidebar = {
        template: '#sidebar'
```

```
    }
    const main = {
        template: '<div class="main">正文部分</div>'
    }
    // 2.定义路由信息
    const routes = [{
        path: '/',
        components: {
            default: header,
            sidebar: sidebar,
            main: main
        }
    }];
    const router= VueRouter.createRouter({
        //提供要实现的 history 实现。为了方便起见，这里使用 hash history
        history:VueRouter.createWebHashHistory(),
        routes    //简写，相当于 routes: routes
    });
    const vm= Vue.createApp({});
    //使用路由器实例，从而让整个应用都有路由功能
    vm.use(router);
    vm.mount('#app');
</script>
</body>
</html>
```

在 Chrome 浏览器中运行程序，效果如图 14-7 所示。

图 14-7　命名视图

14.4　路 由 传 参

在很多情况下，例如表单提交、组件跳转之类的操作，需要使用到上一个表单、组件的一些数据，这时可以将需要的参数通过传参的方式在路由间传递。本节介绍传参方式：param 传参。

param 传参就是将需要的参数以 key=value 的方式放在 URL 地址中。在定义路由信息时，需要以占位符（:参数名）的方式将需要传递的参数指定到路由地址中，示例代码如下：

```
const routes=[{
    path:'/',
    components:{
        default: header,
```

```
        sidebar: sidebar,
        main: main
    },
    children: [{
        path: '',
        redirect: 'form'
    }, {
        path: 'form',
        name: 'form',
        component: form
    }, {
        path: 'info/:email/:password',
        name: 'info',
        component: info
    }]
}]
```

因为在使用$route.push 进行路由跳转时，如果提供了 path 属性，则对象中的 params 属性会被忽略，所以这里可以采用命名路由的方式进行跳转，或者直接将参数值传递到路由 path 路径中。这里的参数如果不进行赋值的话，就无法与匹配规则对应，也就无法跳转到指定的路由地址中。param 传参的示例如下。

【例 14.6】 param 传参（源代码\ch14\14.6.html）。

```
<!DOCTYPE html>
<html>
<head>
    <meta charset="UTF-8">
    <title>param 传参</title>
</head>
<body>
<style>
    .style1{
        background: #0BB20C;
        color: white;
        padding: 15px;
        margin: 15px 0;
    }
    .main{
        padding: 10px;
    }
</style>
<body>
<div id="app">
    <div>
        <div class="style1">
            <router-view></router-view>
        </div>
    </div>
    <div class="main">
        <router-view name="main"></router-view>
    </div>
</div>
<template id="sidebar">
```

```html
        <div>
            <ul>
                <router-link v-for="(item,index) in menu" :key="index" :to="item.url"
tag="li">{{item.name}}
                </router-link>
            </ul>
        </div>
    </template>

    <template id="main">
        <div>
            <router-view></router-view>
        </div>
    </template>
    <template id="form">
        <div>
            <form>
                <div>
                    <label for="exampleInputEmail1">邮箱</label>
                    <input type="email" id="exampleInputEmail1" placeholder="输入电子邮件
" v-model="email">
                </div>
                <div>
                    <label for="exampleInputPassword1">密码</label>
                    <input type="password" id="exampleInputPassword1" placeholder="输入
密码" v-model="password">
                </div>
                <button type="submit" @click="submit">提交</button>
            </form>
        </div>
    </template>
    <template id="info">
        <div>
            <div>
                输入的信息
            </div>
            <div>
                <blockquote>
                    <p>邮箱: {{ $route.params.email }} </p>
                    <p>密码: {{ $route.params.password }}</p>
                </blockquote>
            </div>
        </div>
    </template>
    <!--引入 Vue 文件-->
    <script src="https://unpkg.com/vue@next"></script>
    <!--引入 Vue Router-->
    <script src="https://unpkg.com/vue-router@next"></script>
    <script>
        // 1.定义路由跳转的组件模板
        const header = {
            template: '<div class="header">头部</div>'
        }
        const sidebar = {
            template: '#sidebar',
```

```
        data:function() {
            return {
                menu: [{
                    displayName: 'Form',
                    routeName: 'form'
                }, {
                    displayName: 'Info',
                    routeName: 'info'
                }]
            }
        },
    }
    const main = {
        template: '#main'
    }
    const form = {
        template: '#form',
        data:function() {
            return {
                email: '',
                password: ''
            }
        },
        methods: {
            submit:function() {
                // 方式1
                this.$router.push({
                    name: 'info',
                    params: {
                        email: this.email,
                        password: this.password
                    }
                })
            }
        },
    }
    const info = {
        template: '#info'
    }
    // 2.定义路由信息
    const routes = [{
        path: '/',
        components: {
            default: header,
            sidebar: sidebar,
            main: main
        },
        children: [{
            path: '',
            redirect: 'form'
        }, {
            path: 'form',
            name: 'form',
            component: form
        }, {
```

```
            path: 'info/:email/:password',
            name: 'info',
            component: info
        }]
    }];
    const router= VueRouter.createRouter({
        //提供要实现的 history 实现。为了方便起见，这里使用 hash history
        history:VueRouter.createWebHashHistory(),
        routes    //简写，相当于 routes: routes
    });
    const vm= Vue.createApp({
        data(){
            return{
            }
        },
        methods:{},
    });
    //使用路由器实例，从而让整个应用都有路由功能
    vm.use(router);
    vm.mount('#app');
</script>
</body>
</html>
```

在 Chrome 浏览器中运行程序，在邮箱中输入"357***357@qq.com"，在密码中输入"123456"，如图 14-8 所示；之后单击"提交"按钮，内容传递到 info 子组件中进行显示，效果如图 14-9 所示。

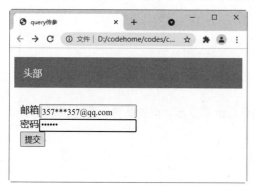

图 14-8　输入邮箱和密码

图 14-9　param 传参

14.5　编程式导航

在使用 Vue Router 时，经常会通过 router-link 标签生成跳转到指定路由的链接，但是在实际的前端开发中，更多的是通过 JavaScript 的方式进行跳转。例如很常见的一个交互需求——用户提交表单，表单提交成功后跳转到上一个页面，提交失败则留在当前页面。这时如果还是通过 router-link 标签进行跳转就不合适了，需要通过 JavaScript 根据表单返回的状态进行动态判断。

在使用 Vue Router 时，已经将 Vue Router 的实例挂载到了 Vue 实例上，可以借助$router 的实例方法，通过编写 JavaScript 代码的方式实现路由间的跳转，而这种方式就是一种编程式的路由导航。

在 Vue Router 中有 3 种导航方法，分别为 push、replace 和 go。常见的是通过在页面上设置 router-link 标签进行路由地址间的跳转，就等同于执行了一次 push 方法。

1. push 方法

当需要跳转新页面时，可以通过 push 方法将一条新的路由记录添加到浏览器的 history 栈中，通过 history 的自身特性，从而驱使浏览器进行页面的跳转。同时，因为在 history 会话历史中会一直保留着这个路由信息，所以后退时还是可以退回到当前的页面。

在 push 方法中，参数可以是一个字符串路径，或者是一个描述地址的对象，这里其实就等同于调用了 history.pushState 方法。

```
// 字符串 => /first
this.$router.push('first')
//对象=> /first
this.$router.push({ path: 'first' })
//带查询参数=>/first?abc=123
this.$router.push({ path: 'first', query: { abc: '123' }})
```

注意：当传递的参数为一个对象并且 path 与 params 共同使用时，对象中的 params 属性不会起任何作用，需要采用命名路由的方式进行跳转，或者直接使用带有参数的全 路径。

```
const userId = '123'
// 使用命名路由 => /user/123
this.$router.push({ name: 'user', params: { userId }})
// 使用带有参数的全路径 => /user/123
this.$router.push({ path: '/user/${userId}' })
// 这里的 params 不生效 => /user
this.$router.push({ path: '/user', params: { userId }})
```

2. go 方法

当使用 go 方法时，可以在 history 记录中向前或者后退多少步，也就是说，通过 go 方法可以在已经存储的 history 路由历史中来回跳转。

```
//在浏览器记录中前进一步，等同于 history.forward()
this.$router.go(1)
//后退一步记录，等同于 history.back()
this.$router.go(-1)
//前进 3 步记录
this.$router.go(3)
```

3. replace 方法

replace方法同样可以达到实现路由跳转的目的。从名称中可以看出，与使用push方法跳转不同的是，在使用replace方法时，并不会往history栈中新增一条新的记录，而是会替换掉当前的记录，因此无法通过后退按钮再回到被替换前的页面。

```
this.$router.replace({
    path: '/special'
})
```

下面的示例将通过编程式路由实现路由间的切换。

【例 14.7】　实现路由间的切换（源代码\ch14\14.7.html）。

```html
<!DOCTYPE html>
<html>
<head>
    <meta charset="UTF-8">
    <title>实现路由间的切换</title>
</head>
<body>
<style>
    .style1{
        background: #0BB20C;
        color: white;
        height: 100px;
    }
</style>
<body>
<div id="app">
    <div class="main">
        <div >
            <button @click="next">前进</button>
            <button @click="goFirst">第 1 页</button>
            <button @click="goSecond">第 2 页</button>
            <button @click="goThird">第 3 页</button>
            <button @click="goFourth">第 4 页</button>
            <button @click="pre">后退</button>
            <button @click="replace">替换当前页为特殊页</button>
        </div>
        <div class="style1">
            <router-view></router-view>
        </div>
    </div>
</div>
<!--引入 Vue 文件-->
<script src="https://unpkg.com/vue@next"></script>
<!--引入 Vue Router-->
<script src="https://unpkg.com/vue-router@next"></script>
<script>
    const first = {
        template: '<h3>花时同醉破春愁，醉折花枝作酒筹。</h3>'
    };
    const second = {
        template: '<h3>忽忆故人天际去，计程今日到梁州。</h3>'
    };
    const third = {
        template: '<h3>圭峰霁色新，送此草堂人。</h3>'
    };
    const fourth = {
        template: '<h3>终有烟霞约，天台作近邻。</h3>'
    };
    const special = {
        template: '<h3>特殊页面的内容</h3>'
    };

    // 定义路由信息
```

```
        const routes = [
            {
                path: '/first',
                component: first
            },
            {
                path: '/second',
                component: second
            },
            {
                path: '/third',
                component: third
            },
            {
                path: '/fourth',
                component: fourth
            },
            {
                path: '/special',
                component: special
            }
        ];
    const router= VueRouter.createRouter({
        //提供要实现的 history 实现。为了方便起见，这里使用 hash history
        history:VueRouter.createWebHashHistory(),
        routes   //简写，相当于 routes: routes
    });
    const vm= Vue.createApp({
        data(){
            return{
            }
        },
            methods: {
            goFirst:function() {
                this.$router.push({
                    path: '/first'
                })
            },
            goSecond:function() {
                this.$router.push({
                    path: '/second'
                })
            },
            goThird:function() {
                this.$router.push({
                    path: '/third'
                })
            },
            goFourth:function() {
                this.$router.push({
                    path: '/fourth'
                })
            },
            next:function() {
                this.$router.go(1)
```

```
        },
        pre:function() {
            this.$router.go(-1)
        },
        replace:function() {
            this.$router.replace({
                path: '/special'
            })
        }
    },
    router: router
});
//使用路由器实例,从而让整个应用都有路由功能
vm.use(router);
vm.mount('#app');
</script>
</body>
</html>
```

在 Chrome 浏览器中运行程序,单击"第 4 页"按钮,效果如图 14-10 所示。

图 14-10　实现路由间的切换

14.6　组件与 Vue Router 间解耦

在使用路由传参的时候,将组件与 Vue Router 强绑定在一起,这意味着在任何需要获取路由参数的地方,都需要加载 Vue Router,使组件只能在某些特定的 URL 上使用,限制了其灵活性。如何解决强绑定呢?

在之前学习组件相关知识的时候,我们提到过可以通过组件的 props 选项来实现子组件接收父组件传递的值。而在 Vue Router 中,同样提供了通过使用组件的 props 选项来实现解耦的功能。

14.6.1　布尔模式

在【例 14.8】中,当定义路由模板时,通过指定需要传递的参数为 props 选项中的一个数据项,在定义路由规则时指定 props 属性为 true,即可实现对于组件以及 Vue Router 之间的解耦。

【例 14.8】　布尔模式(源代码\ch14\14.8.html)。

```
<!DOCTYPE html>
<html>
<head>
    <meta charset="UTF-8">
```

```html
    <title>布尔模式</title>
</head>
<body>
<style>
    .style1{
        background: #0BB20C;
        color: white;
    }
</style>
<body>
<div id="app">
    <div class="main">
        <div >
            <button @click="next">前进</button>
            <button @click="goFirst">第 1 页</button>
            <button @click="goSecond">第 2 页</button>
            <button @click="goThird">第 3 页</button>
            <button @click="goFourth">第 4 页</button>
            <button @click="pre">后退</button>
            <button @click="replace">替换当前页为特殊页</button>
        </div>
        <div class="style1">
            <router-view></router-view>
        </div>
    </div>
</div>
<!--引入 Vue 文件-->
<script src="https://unpkg.com/vue@next"></script>
<!--引入 Vue Router-->
<script src="https://unpkg.com/vue-router@next"></script>
<script>
    const first = {
        template: '<h3>花时同醉破春愁，醉折花枝作酒筹。</h3>'
    };
    const second = {
        template: '<h3>忽忆故人天际去，计程今日到梁州。</h3>'
    };
    const third = {
        props: ['id'],
        template: '<h3>圭峰霁色新，送此草堂人。---{{id}}</h3>'
    };
    const fourth = {
        template: '<h3>终有烟霞约，天台作近邻。</h3>'
    };
    const special = {
        template: '<h3>特殊页面的内容</h3>'
    };
    // 定义路由信息
    const routes = [
            {
                path: '/first',
                component: first
            },
            {
                path: '/second',
```

```
                    component: second
            },
            {
                path: '/third/:id',
                component: third,
                props: true
            },
            {
                path: '/fourth',
                component: fourth
            },
            {
                path: '/special',
                component: special
            }
        ];
const router= VueRouter.createRouter({
    //提供要实现的 history 实现。为了方便起见，这里使用 hash history
    history:VueRouter.createWebHashHistory(),
    routes    //简写，相当于 routes: routes
});
const vm= Vue.createApp({
    data(){
        return{
        }
    },
        methods: {
        goFirst:function() {
            this.$router.push({
                path: '/first'
            })
        },
        goSecond:function() {
            this.$router.push({
                path: '/second'
            })
        },
        goThird:function() {
            this.$router.push({
                path: '/third'
            })
        },
        goFourth:function() {
            this.$router.push({
                path: '/fourth'
            })
        },
        next:function() {
            this.$router.go(1)
        },
        pre:function() {
            this.$router.go(-1)
        },
        replace:function() {
            this.$router.replace({
```

```
            path: '/special'
        })
    }
},
router: router
});
//使用路由器实例；从而让整个应用都有路由功能
vm.use(router);
vm.mount('#app');
</script>
</body>
</html>
```

在 Chrome 浏览器中运行程序，选择"第 3 页"，然后在 URL 路径中添加"/abc"，再按回车键，效果如图 14-11 所示。

图 14-11　布尔模式

提示：上面的示例采用 param 传参的方式进行参数传递，而在组件中并没有加载 Vue Router 实例，也完成了对于路由参数的获取。采用此方法只能实现基于 param 方式进行传参的解耦。

14.6.2　对象模式

针对定义路由规则时，指定 props 属性为 true 这种情况，在 Vue Router 中还可以把路由规则的 props 属性定义成一个对象或函数。如果定义成对象或函数，此时并不能实现对于组件以及 Vue Router 间的解耦。

将路由规则的 props 定义成对象后，此时无论路由参数中传递的是任何值，最终获取到的都是对象中的值。需要注意的是，props 中的属性值必须是静态的，不能采用类似于子组件同步获取父组件传递的值作为 props 中的属性值。对象模式示例如下。

【例 14.9】　对象模式（源代码\ch14\14.9.html）。

```
<!DOCTYPE html>
<html>
<head>
    <meta charset="UTF-8">
    <title>对象模式</title>
</head>
<body>
<style>
    .style1{
        background: #0BB20C;
```

```
            color: white;
        }
</style>
<body>
<div id="app">
    <div class="main">
        <div >
            <button @click="next">前进</button>
            <button @click="goFirst">第 1 页</button>
            <button @click="goSecond">第 2 页</button>
            <button @click="goThird">第 3 页</button>
            <button @click="goFourth">第 4 页</button>
            <button @click="pre">后退</button>
                <button @click="replace">替换当前页为特殊页</button>
         </div>
        <div class="style1">
            <router-view></router-view>
        </div>
    </div>
</div>
<!--引入 Vue 文件-->
<script src="https://unpkg.com/vue@next"></script>
<!--引入 Vue Router-->
<script src="https://unpkg.com/vue-router@next"></script>
<script>
    const first = {
        template: '<h3>花时同醉破春愁，醉折花枝作酒筹。</h3>'
    }; const second = {
        template: '<h3>忽忆故人天际去，计程今日到梁州。</h3>'
    };
    const third = {
        props: ['name'],
        template: '<h3>圭峰霁色新，送此草堂人。---{{name}}</h3>'
    };
    const fourth = {
        template: '<h3>终有烟霞约，天台作近邻。</h3>'
    };
    const special = {
        template: '<h3>特殊页面的内容</h3>'
    };
    // 定义路由信息
    const routes = [
        {
            path: '/first',
            component: first
        },
        {
            path: '/second',
            component: second
        },
        {
            path: '/third/:name',
            component: third,
            props: {
```

```
                    name: 'gushi'
                },
            },
            {
                path: '/fourth',
                component: fourth
            },
            {
                path: '/special',
                component: special
            }
    ];
const router= VueRouter.createRouter({
    //提供要实现的 history 实现。为了方便起见，这里使用 hash history
    history:VueRouter.createWebHashHistory(),
    routes    //简写，相当于 routes: routes
});
const vm= Vue.createApp({
    data(){
        return{
        }
    },
    methods: {
        goFirst:function() {
            this.$router.push({
                path: '/first'
            })
        },
        goSecond:function() {
            this.$router.push({
                path: '/second'
            })
        },
        goThird:function() {
            this.$router.push({
                path: '/third'
            })
        },
        goFourth:function() {
            this.$router.push({
                path: '/fourth'
            })
        },
        next:function() {
            this.$router.go(1)
        },
        pre:function() {
            this.$router.go(-1)
        },
        replace:function() {
            this.$router.replace({
                path: '/special'
            })
        }
    },
```

```
        router: router
    });
    //使用路由器实例，从而让整个应用都有路由功能
    vm.use(router);
    vm.mount('#app');
</script>
</body>
</html>
```

在 Chrome 浏览器中运行程序，选择"第 3 页"，然后在 URL 路径中添加"/gushi"，再按回车键，效果如图 14-12 所示。

图 14-12　对象模式

14.6.3　函数模式

在对象模式中，只能接收静态的 props 属性值，而当使用了函数模式之后，就可以对静态值做数据的进一步加工，或者与路由传参的值进行结合。函数模式示例如下。

【例 14.10】　函数模式（源代码\ch14\14.10.html）。

```
<style>
    .style1{
        background: #0BB20C;
        color: white;
    }
</style>
<body>
<div id="app">
    <div class="main">
        <div >
            <button @click="next">前进</button>
            <button @click="goFirst">第 1 页</button>
            <button @click="goSecond">第 2 页</button>
            <button @click="goThird">第 3 页</button>
            <button @click="goFourth">第 4 页</button>
            <button @click="pre">后退</button>
            <button @click="replace">替换当前页为特殊页</button>
        </div>
        <div class="style1">
            <router-view></router-view>
        </div>
    </div>
</div>
<!--引入 Vue 文件-->
<script src="https://unpkg.com/vue@next"></script>
<!--引入 Vue Router-->
```

```html
<script src="https://unpkg.com/vue-router@next"></script>
<script>
    const first = {
        template: '<h3>花时同醉破春愁，醉折花枝作酒筹。</h3>'
    };
    const second = {
        template: '<h3>忽忆故人天际去，计程今日到梁州。</h3>'
    };
    const third = {
        props: ['name',"id"],
        template: '<h3>圭峰霁色新，送此草堂人。---{{name}}——{{id}}</h3>'
    };
    const fourth = {
        template: '<h3>终有烟霞约，天台作近邻。</h3>'
    };
    const special = {
        template: '<h3>特殊页面的内容</h3>'
    };
    // 定义路由信息
    const routes = [
            {
                path: '/first',
                component: first
            },
            {
                path: '/second',
                component: second
            },
            {
            path: '/third',
            component: third,
            props: (route)=>({
                id:route.query.id,
                name:"xiaohong"
            })
            },
            {
                path: '/fourth',
                component: fourth
            },
            {
                path: '/special',
                component: special
            }
        ];
    const router= VueRouter.createRouter({
        //提供要实现的 history 实现。为了方便起见，这里使用 hash history
        history:VueRouter.createWebHashHistory(),
        routes   //简写，相当于 routes: routes
    });
    const vm= Vue.createApp({
        data(){
          return{
          }
        },
```

```
    methods: {
        goFirst:function() {
            this.$router.push({
                path: '/first'
            })
        },
        goSecond:function() {
            this.$router.push({
                path: '/second'
            })
        },
        goThird:function() {
            this.$router.push({
                path: '/third'
            })
        },
        goFourth:function() {
            this.$router.push({
                path: '/fourth'
            })
        },
        next:function() {
            this.$router.go(1)
        },
        pre:function() {
            this.$router.go(-1)
        },
        replace:function() {
            this.$router.replace({
                path: '/special'
            })
        }
    },
    router: router
});
//使用路由器实例，从而让整个应用都有路由功能
vm.use(router);
vm.mount('#app');
</script>
```

在Chrome浏览器中运行程序，在结果页面上选择"第3页"，然后在URL路径中输入"?id=123456"，再按回车键，效果如图14-13所示。

图14-13　函数模式

14.7 疑难解惑

疑问1：使用 history 模式的问题是什么？

在 history 模式下，如果通过导航链接来路由页面，Vue Router 会在内部截获单击事件，通过 JavaScript 操作 window.history 来改变浏览器地址栏的路径，当 URL 匹配不到任何资源时，并不会发起 HTTP 请求，也不会出现 404 错误。为了解决这个问题，可以在前端程序部署的 Web 服务器上配置一个覆盖所有情况的备选，当 URL 匹配不到任何资源时，返回一个固定的 index.html 页面，这个页面就是单页应用程序的主页面。

疑问2：开发程序时选择 history 模式还是 hash 模式？

在开发应用程序中，可以先使用 hash 模式，在生产环境中，再根据部署的服务器调整为 history 模式。不过，在基于 Vue 脚手架项目的开发中，内置的 Node 服务器本身也支持 history 模式，所以开发时一般不会出现问题。

第15章

数据请求库——Axios

在实际项目开发中，前端页面所需要的数据往往需要从服务器端获取，这必然涉及与服务器的通信，Vue 推荐使用 Axios 来完成 Ajax 请求。本章将学习这个流行的网络请求库——Axios，它是对 Ajax 的封装。因为其功能单一，只是发送网络请求，所以容量很小。Axios 也可以和其他框架结合使用。下面就来看一下 Vue 如何使用 Axios 请求数据。

15.1　什么是 Axios

在实际开发中，或多或少都会进行网络数据的交互，一般都是使用工具来完成任务。现在比较流行的就是 Axios 库。Axios 是一个基于 Promise 的 HTTP 库，可以用在浏览器和 Node.js 中。

Axios 具有以下特性：

（1）从浏览器中创建 XMLHttpRequests。

（2）从 Node.js 创建 HTTP 请求。

（3）支持 Promise API。

（4）拦截请求和响应。

（5）转换请求数据和响应数据。

（6）取消请求。

（7）自动转换 JSON 数据。

（8）客户端支持防御 XSRF。

15.2 安装 Axios

安装 Axios 的方法有以下几种。

1. 使用 CDN 方式

使用 CDN 方式安装，代码如下：

```
<script src="https://unpkg.com/axios/dist/axios.min.js"></script>
```

2. 使用 NPM 方式

如果采用模块化开发，可以使用 NPM 安装方式，执行下面的命令安装 Axios：

```
npm install axios  --save
```

或者使用 yarn 安装，命令如下：

```
npm add axios  --save
```

在 Vue 脚手架中使用 Axios，可以将 Axios 结合 vue-axios 插件一起使用，该插件只是将 Axios 集成到 Vue.js 的轻度封装，本身不能独立使用。可以使用以下命令一起安装 Axios 和 vue-axios。

```
npm install axios  vue-axios
```

安装 vue-axios 插件后，使用方法如下：

```
import { createApp } from 'vue'
//引入 Axios
import axios from 'axios'
import VueAxios from 'vue-axios'

const app = createApp(App);
app.use(VueAxios,axios)        //安装插件
app.mount('#app')
```

这样配置完成后，就可以在组件中通过 this.axios 来调用 Axios 的方法以发送请求。

15.3 基 本 用 法

本节将讲解 Axios 库的基本使用方法：JSON 数据的请求、跨域请求和并发请求。

15.3.1 Axios 的 get 请求和 post 请求

Axios 有 get 请求和 post 请求两种方式。

在 Vue 脚手架中执行 get 请求，格式如下：

```
this.axios.get('/url?key=value&id=1')
```

```
    .then(function(response){
        // 成功时调用
    console.log(response)
})
    .catch(function(error){
      // 错误时调用
    console.log(error)
    })
```

get 请求接受一个 URL 地址，也就是请求的接口。then 方法在请求响应完成时触发，其中形参代表响应的内容；catch 方法在请求失败的时候触发，其中形参代表错误的信息。如果要发送数据，以查询字符串的形式附加在 URL 后面，以"？"分隔，数据以 key=value 的形式组织，不同数据之间以"&"分隔。

如果不喜欢 URL 后附加查询参数的方式，可以给 get 请求传递一个配置对象作为参数，在配置对象中使用 params 来指定要发送的数据。代码如下：

```
this.axios.get('/url',{
      params:{
        key:value,
        id:1
      }
})
    .then(function (response) {
        console.log(response);
})
    .catch(function (error) {
        console.log(error);
});
```

post 请求和 get 请求基本一致，不同的是数据以对象的形式作为 post 请求的第二个参数，对象中的属性就是要发送的数据。代码如下：

```
this.axios.post('/user',{
    username:"jack",
    password:"123456"
})
    .then(function(response){
        // 成功时调用
    console.log(response)
})
    .catch(function(error){
      // 错误时调用
    console.log(error)
    })
```

接收到响应的数据后，需要对响应的信息进行处理。例如，设置用于组件渲染或更新所需要的数据。回调函数中的 response 是一个对象，它的属性是 data 和 status，data 用于获取响应的数据，status 是 HTTP 状态码。response 对象的完整属性说明如下：

```
{
    //config 是为请求提供的配置信息
    config:{},
```

```
        //data 是服务器发回的响应数据
        data:{},

        //headers 是服务器响应的消息报头
        headers:{},

        //request 是生成响应的请求
        requset:{},

        //status 是服务器响应的 HTTP 状态码
        status:200,

        //statusText 是服务器响应的 HTTP 状态描述
        statusText:'ok',
    }
```

成功响应后，获取数据的一般处理形式如下：

```
this.axios.get('http://localhost:8080/data/user.json')
    .then(function (response){
      //user 属性在 Vue 实例的 data 选项中定义
      this.user=response.data;
    })
    .catch(function(error){
      console.log(error);
    })
```

如果出现错误，则会调用 catch 方法中的回调，并向该回调函数传递一个错误对象。错误处理的一般形式如下：

```
this.axios.get('http://localhost:8080/data/user.json')
    .catch(function(error){
      if(error.response){
        //请求已发送并接收到服务器响应，但响应的状态码不是200
        console.log(error.response.data);
        console.log(error.response.status);
        console.log(error.response.headers);
      }else if(error.response){
        //请求已发送，但未接收到响应
        console.log(error.request);
      }else{
        console.log("Error",error.message);
      }
      console.log(error.config);
    })
```

15.3.2 请求同域下的 JSON 数据

已经了解了 get 和 post 请求，下面来看一个使用 Axios 请求同域下的 JSON 数据的示例。
首先使用 Vue 脚手架创建一个项目，这里命名为 axiosdemo，配置选项默认即可。创建完成之后"cd"到项目，然后安装 Axios：

```
npm install axios vue-axios
```

安装 vue-axios 插件后，在 main.js 文件中配置 Axios，代码如下：

```
import { createApp } from 'vue'
//引入 Axios
import axios from 'axios'
import VueAxios from 'vue-axios'

const app = createApp(App);
app.use(VueAxios,axios)      //安装插件
app.mount('#app')
```

完成以上步骤，在目录中的 public 文件夹下创建一个 data 文件夹，在该文件夹中创建一个 JSON 文件 user.json。user.json 内容如下：

```
[
    {
      "name": "小明",
      "pass": "123456"
    },
    {
      "name": "小红",
      "pass": "456789"
    }
]
```

提示：JSON 文件必须放在 public 文件夹下，若放在其他位置，则会请求不到数据。

然后在 HelloWorld.vue 文件中使用 get 请求 JSON 数据，其中 http://localhost:8080 是运行 axiosdemo 项目时给出的地址，data/user.json 指 public 文件夹下的 data/user.json。具体代码如下：

```
<template>
    <div class="hello"></div>
</template>
<script>
export default {
    name: 'HelloWorld',
    created() {
    this.axios.get('http://localhost:8080/data/user.json')
          .then(function (response) {
            console.log(response);
          })
          .catch(function(error){
            console.log(error);
          })
    }
}
</script>
```

在浏览器中输入 http://localhost:8080 运行项目，打开控制台，可以发现控制台中已经打印了 user.json 文件中的内容，如图 15-1 所示。

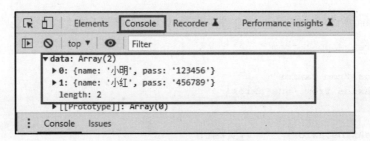

图 15-1　请求 JSON 数据

15.3.3　跨域请求数据

在上一节的示例中，使用 Axios 请求同域下的 JSON 数据，实际情况往往是跨域请求数据。在 Vue CLI 中要想实现跨域请求，需要配置一些内容。首先在 axiosdemo 项目目录中创建一个 vue.config.js 文件，该文件是 Vue 脚手架项目的配置文件，在这个文件中设置反向代理：

```
module.exports = {
    devServer: {
        proxy: {
            //api 是后端数据接口的路径
            '/api': {
                //后端数据接口的地址
                target: 'https://v1.yiketianqi.com/api?version=v9&appid=
24782869&appsecret=Vfo8Bk9S',
                changeOrigin: true,  //允许跨域
                pathRewrite: {
                    '^/api': ''       //调用时用 api 替代根路径
                }
            }
        }
    },
    lintOnSave:false  //关闭 eslint 校验
}
```

其中 target 属性中的路径是一个免费的天气预报 API 接口，接下来使用这个接口来实现跨域访问。首先访问 http://www.tianqiapi.com/index，打开 API 文档，注册自己的开发账号，然后进入个人中心，选择"专业七日天气"，如图 15-2 所示。

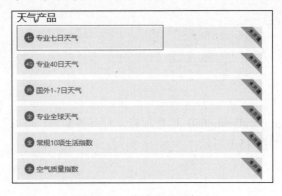

图 15-2　专业七日天气

进入"专业七日天气"的接口界面，将会给出一个请求路径，这个路径就是跨域请求的地址。完成上面的配置后，在 axiosdemo 项目的 HelloWorld.vue 组件中实现跨域请求：

```
<template>
   <div class="hello">
      {{city}}
   </div>
</template>
<script>
export default {
   name: 'HelloWorld',
   data(){
     return{
       city:""
     }
   },
   created() {
   //保存 Vue 实例，因为在 Axios 中，this 指向的不是 Vue 实例了，而是 Axios
   var that=this;
   this.axios.get('/api')
         .then(function (response) {
           that.city =response.data.city
           console.log(response);
         })
         .catch(function(error){
           console.log(error);
         })
   }
}
</script>
```

在浏览器中运行 axiosdemo 项目，在控制台中可以看到跨域请求的数据，页面中也会显示请求的城市，如图 15-3 所示。

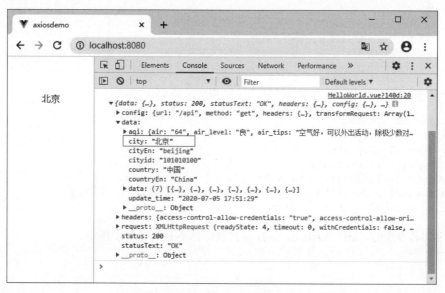

图 15-3　跨域请求数据

15.3.4　并发请求

很多时候，可能需要同时调用多个后台接口，可以利用 Promise 函数来实现这个功能。例如：

```
//定义请求方法
function get1(){
    return this.axios.get('/data/user.json');
}
function get2(){
    return this.$axios.get('/api');
}
Promise.all([get1(),get2()])
    .then(function (results){
    //两个请求都执行完成
    const name = results[0];        //get1()函数返回的结果
    const password = results[1];  // get2()函数返回的结果
});
```

15.4　Axios API

可以通过向 Axios 传递相关配置来创建请求。get 请求和 post 请求的调用形式如下：

```
//发送 get 请求
axios({
    method:'get',
    url: '/user/12345',
});
// 发送 post 请求
axios({
    method: 'post',
    url: '/user/12345',
    data: {
        firstName: 'Fred',
        lastName: 'Flintstone'
     }
});
```

为方便起见，Axios 库为所有支持的请求方法提供了别名：

```
axios.request(config)
axios.get(url[, config])
axios.delete(url[, config])
axios.head(url[, config])
axios.post(url[, data[, config]])
axios.put(url[, data[, config]])
axios.patch(url[, data[, config]])
```

在使用别名方法时，url、method、data 这些属性都不必在配置中指定。

15.5　请　求　配　置

　　Axios 库为请求提供了配置对象，在该对象中可以设置很多选项，常用的是 url、method、headers 和 params。其中只有 url 是必需的，如果没有指定 method，则请求将默认使用 get 方法。配置对象完整内容如下：

```
{
    // 'url' 是用于请求的服务器 URL
    url: '/user',
    // 'method' 是创建请求时使用的方法
    method: 'get', // 默认是 get
    // 'baseURL'将自动加在'url' 前面，除非'url' 是一个绝对 URL
    // 它可以通过设置一个'baseURL' 便于为 Axios 实例的方法传递相对 URL
    baseURL: 'https://some-domain.com/api/',
    // 'transformRequest'允许在向服务器发送前，修改请求数据
    // 只能用在 'PUT'、'POST' 和 'PATCH' 这几个请求方法中
    // 后面数组中的函数必须返回一个字符串，要么是 ArrayBuffer，要么是 Stream
    transformRequest: [function (data) {
    // 对 data 进行任意转换处理
      return data;
    }],
    // 'transformResponse' 在传递给 then/catch 前，允许修改响应数据
    transformResponse: [function (data) {
      // 对 data 进行任意转换处理
      return data;
    }],
    // 'headers' 是即将被发送的自定义请求头，这里使用 Ajax 请求
    headers: {'X-Requested-With': 'XMLHttpRequest'},
    // 'params' 是即将与请求一起发送的 URL 参数
    // 必须是一个无格式对象(plain object)或 URLSearchParams 对象
    params: {
      ID: 12345
    },
    // 'paramsSerializer' 是一个负责'params' 序列化的函数
    // (e.g. https://www.npmjs.com/package/qs,
http://api.jquery.com/jquery.param/)
    paramsSerializer: function(params) {
      return Qs.stringify(params, {arrayFormat: 'brackets'})
    },
    // 'data' 是作为请求主体被发送的数据
    // 只适用于这些请求方法: 'PUT'、'POST'和'PATCH'
    // 在没有设置'transformRequest' 时，必须是以下类型之一:
    // - string, plain object, ArrayBuffer, ArrayBufferView, URLSearchParams
    // - 浏览器专属: FormData, File, Blob
    // - Node 专属:  Stream
    data: {
      firstName: 'Fred'
    },
    // 'timeout'指定请求超时的毫秒数（0 表示无超时时间）
    // 如果请求超过'timeout'的时间，请求将被中断
```

```
      timeout: 1000,

      // 'withCredentials' 表示跨域请求时是否需要使用凭证
      withCredentials: false, // 默认的

      // 'adapter'允许自定义处理请求，以使测试更轻松
      // 返回一个 promise 并应用一个有效的响应（查阅 [response docs](#response-api)）
      adapter: function (config) {
        /* ... */
      },
      // 'auth' 表示应该使用 HTTP 基础验证，并提供凭据
      // 这将设置一个'Authorization' 头，覆写掉现有的任意使用'headers'设置的自定义
'Authorization'头
      auth: {
        username: 'janedoe',
        password: 's00pers3cret'
      },
      // 'responseType' 表示服务器响应的数据类型,可以是 'arraybuffer', 'blob', 'document',
'json', 'text', 'stream'
      responseType: 'json', // 默认的
      // 'xsrfCookieName' 是用作 xsrf token 的值的 cookie 的名称
      xsrfCookieName: 'XSRF-TOKEN', // default
      // 'xsrfHeaderName' 是承载 xsrf token 的值的 HTTP 头的名称
      xsrfHeaderName: 'X-XSRF-TOKEN', // 默认的

      // 'onUploadProgress' 允许为上传处理进度事件
      onUploadProgress: function (progressEvent) {
        // 对原生进度事件的处理
      },
      // 'onDownloadProgress' 允许为下载处理进度事件
      onDownloadProgress: function (progressEvent) {
        // 对原生进度事件的处理
      },
      // 'maxContentLength' 定义允许的响应内容的最大尺寸
      maxContentLength: 2000,
      // 'validateStatus' 定义对于给定的 HTTP 响应状态码是 resolve 或 reject  promise。如果
'validateStatus' 返回 'true'（也可以设置为 'null' 或 'undefined'),promise 将被 resolve; 否
则 promise 将被 rejecte
      validateStatus: function (status) {
        return status >= 200 && status < 300; // 默认的
      },
      // 'maxRedirects' 定义在 Node.js 中 follow 的最大重定向数目
      // 如果设置为 0，将不会 follow 任何重定向
      maxRedirects: 5, // 默认的
      // 'httpAgent' 和 'httpsAgent' 分别在 Node.js 中用于定义在执行 http 和 https 时使用
的自定义代理。允许像这样配置选项:
      // 'keepAlive' 默认没有启用
      httpAgent: new http.Agent({ keepAlive: true }),
      httpsAgent: new https.Agent({ keepAlive: true }),
      // 'proxy' 定义代理服务器的主机名称和端口
      // 'auth' 表示 HTTP 基础验证应当用于连接代理，并提供凭据
      // 这将会设置一个 'Proxy-Authorization' 头，覆写掉已有的通过使用 'header' 设置的自定义
'Proxy-Authorization' 头
      proxy: {
        host: '127.0.0.1',
```

```
    port: 9000,
    auth: : {
      username: 'mikeymike',
      password: 'rapunz3l'
    }
  },
  // 'cancelToken' 指定用于取消请求的 cancel token
  cancelToken: new CancelToken(function (cancel) {
  })
}
```

15.6　创 建 实 例

可以使用自定义配置新建一个 Axios 实例，之后使用该实例向服务端发起请求，这样就不用每次请求时重复设置选项了。使用 axios.create([config]方法创建 Axios 实例，代码如下：

```
const instance = axios.create({
    baseURL: 'https://some-domain.com/api/',
    timeout: 1000,
    headers: {'X-Custom-Header': 'foobar'}
});
```

15.7　配置默认选项

使用 Axios 请求时，对于相同的配置选项，可以设置为全局的 Axios 默认值。配置选项在 Vue 的 main.js 文件中设置，代码如下：

```
axios.defaults.baseURL = 'https://api.example.com';
axios.defaults.headers.common['Authorization'] = AUTH_TOKEN;
axios.defaults.headers.post['Content-Type'] =
'application/x-www-form-urlencoded';
```

也可以在自定义实例中配置默认值，这些配置选项只有在使用该实例发起请求时才会生效。代码如下：

```
// 创建实例时设置配置的默认值
const instance = axios.create({
    baseURL: 'https://api.example.com'
});
// 在实例已创建后修改默认值
instance.defaults.headers.common['Authorization'] = AUTH_TOKEN;
```

配置会以一个优先顺序进行合并。先在 lib/defaults.js 中找到库的默认值，然后是实例的 defaults 属性，最后是请求的 config 参数。例如：

```
// 使用由库提供的配置的默认值来创建实例
// 此时超时配置的默认值是 '0'
var instance = axios.create();
// 覆写库的超时默认值
```

```
// 现在，在超时前，所有请求都会等待 2.5 秒
instance.defaults.timeout = 2500;
// 为已知需要花费很长时间的请求覆写超时设置
instance.get('/longRequest', {
    timeout: 5000
});
```

15.8 拦 截 器

拦截器在请求或响应被 then 方法或 catch 方法处理前拦截它们，从而可以对请求或响应做一些操作。示例代码如下：

```
// 添加请求拦截器
axios.interceptors.request.use(function (config) {
    // 在发送请求之前做些什么
    return config;
}, function (error) {
    // 对请求错误做些什么
    return Promise.reject(error);
});
// 添加响应拦截器
axios.interceptors.response.use(function (response) {
    // 对响应数据做些什么
    return response;
}, function (error) {
    // 对响应错误做些什么
    return Promise.reject(error);
});
```

如果想在稍后移除拦截器，可以执行以下代码：

```
var myInterceptor = axios.interceptors.request.use(function () {/*...*/});
axios.interceptors.request.eject(myInterceptor);
```

可以为自定义 Axios 实例添加拦截器：

```
var instance = axios.create();
instance.interceptors.request.use(function () {/*...*/});
```

15.9 Vue.js 3.x 的新变化——替代 Vue.prototype

在 Vue.js 2.x 版本中，使用 Axios 的代码如下：

```
import Vue from 'vue'
import axios from 'axios'
Vue.prototype.axios = axios;
```

在 Vue.js 3.x 版本中，使用 app.config.globalProperties 来代替 prototype，具体用法如下：

```
import {createApp} from 'vue';
```

```
import axios from 'axios';
const app = createApp();
app.config.globalProperties.axios = axios;
```

这里需要注意的是，config.globalProperties 是用于注册能够被应用内所有组件实例访问到的全局属性，而 mount 会返回实例，无法实现全局挂载。因此，在实施链式写法的时候，需要先设置 congfig.globalProperties，然后进行挂载，所以下面的写法是错误的。

```
// 错误示范
import {createApp} from 'vue';
import axios from 'axios';
const app = createApp().mount('#app');//先设置全局属性，再进行挂载
app.config.globalProperties.axios = axios;
```

15.10　综合案例——显示近 7 天的天气情况

本节将使用 Axios 库请求天气预报的接口，在页面中显示近 7 天的天气情况。具体代码如下：

```html
<!DOCTYPE html>
<html>
<head>
    <meta charset="UTF-8">
    <title>7 天天气预报</title>
    <script src="https://unpkg.com/vue@next"></script>
    <script src="axios.min.js"></script>
</head>
<body>
    <div id="app">
        <div class="hello">
            <h2>{{city}}</h2>
            <h4>今天:{{date}} {{week}}</h4>
            <h4>{{message}}</h4>
            <ul>
                <li v-for="item in obj">
                    <div>
                        <h3>{{item.data}}</h3>
                        <h3>{{item.week}}</h3>
                        <img :src="get(item.wea_img)" alt="">
                        <h3>{{item.wea}}</h3>
                    </div>
                </li>
            </ul>
        </div>
    </div>
    <script src="axios.js"></script>

    <script>
        const vm = Vue.createApp({
            name: 'HelloWorld',
            data() {
                return {
                    city: "",
                    obj: [],
```

```
                    date: "",
                    week: "",
                    message: ""
                }
            },
            methods: {
                //定义 get 方法，拼接图片的路径
                get(sky) {
                    return "https://xintai.xianguomall.com/skin/pitaya/" + sky +
".png"
                }
            },
            created() {
                this.get(); //页面开始加载时调用 get 方法
                var that = this;
                axios.get("https://v1.yiketianqi.com/api?version=v9&appid=
24782869&appsecret=Vfo8Bk9S&city=北京")
                    .then(function(response) {
                        //处理数据
                        that.city = response.data.city;
                        that.obj = response.data.data;
                        that.date = response.data.data[0].date;
                        that.week = response.data.data[0].week;
                        that.message = response.data.data[0].air_tips;
                    })
                    .catch(function(error) {
                        console.log(error)
                    })
            }
        }).mount("#app");
    </script>
    <style scoped>
        h2,
        h4 {
            text-align: center;
        }
        li {
            float: left;
            list-style-type: none;
            width: 200px;
            text-align: center;
            border: 1px solid red;
        }
    </style>
    </div>
    </body>
</html>
```

在浏览器中运行上述程序，页面效果如图 15-4 所示。

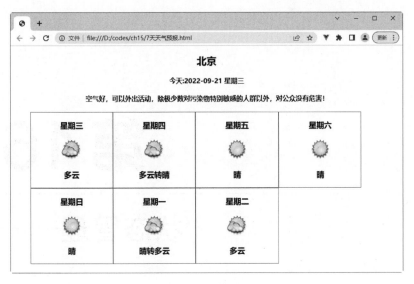

图 15-4　7 天天气预报

15.11　疑　难　解　惑

疑问 1：提示关于 axios.min.map 的错误信息怎么办？

在调用本地 axios.min.js 库时，有时会提示以下错误信息：

```
DevTools 无法加载源映射：无法加载 http://ip/static/js/axios.min.map 的内容:HTTP 错误:
状态代码 404，net::ERR_HTTP_RESPONSE_CODE_FAILURE
```

或者：

```
DevTools failed to parse SourceMap: http://ip/static/js/axios.min.map
```

解决方法为删除 axios.min.js 文件代码中的最后一行：

```
//# sourceMappingURL=axios.min.map
```

疑问 2：Axios 有哪些常用方法？

Axios 的常用方法如下：

- axios.get(url[, config])：get 请求用于列表和信息查询。
- axios.delete(url[, config])：删除操作。
- axios.post(url[, data[, config]])：post 请求用于信息的添加。
- axios.put(url[, data[, config]])：更新操作。

第16章

状态管理——Vuex

在第 11 章介绍了父子组件之间的通信方法。在实际开发项目时，经常会遇到多个组件需要访问同一数据的情况，并且需要根据数据的变化做出响应，而这些组件之间可能并不是父子组件这种简单的关系。这种情况下，就需要一个全局的状态管理方案。本章将要介绍的 Vuex 是一个数据管理的插件，是实现组件全局状态（数据）管理的一种机制，可以方便地实现组件之间数据的共享。

16.1 什么是 Vuex

Vuex 是一个专为 Vue.js 应用程序开发的状态管理模式。它采用集中式存储管理应用的所有组件的数据，并以相应的规则保证数据以一种可预测的方式发生变化。Vuex 也集成到 Vue 的官方调试工具 DevTools 中，提供了诸如零配置的 time-travel 调试、状态快照导入/导出等高级调试功能。

Vuex 是一个专为 Vue.js 应用程序开发的状态管理模式。状态管理模式其实就是数据管理模式，它集中式存储、管理项目所有组件的数据。

使用 Vuex 统一管理数据有以下 3 个好处：

* 能够在 Vuex 中集中管理共享的数据，易于开发和后期维护。
* 能够高效地实现组件之间的数据共享，提高开发效率。
* 存储在 Vuex 中的数据是响应式的，能够实时保持数据与页面的同步。

这个状态自管理应用包含以下 3 个部分：

* state：驱动应用的数据源。
* view：以声明方式将 state 映射到视图。
* actions：响应在 view 上的用户输入导致的状态变化。

图 16-1 是一个表示单向数据流理念的简单示意图。

但是，当应用遇到多个组件共享状态时，单向数据流的简洁性很容易被破坏，将出现以下两个问题：

- 问题 1：多个视图依赖于同一状态。
- 问题 2：来自不同视图的行为需要变更同一状态。

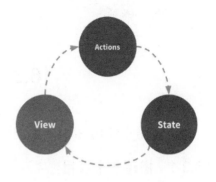

图 16-1 单向数据流

对于问题 1，传参的方法对于多层嵌套的组件将会非常烦琐，并且对于兄弟组件间的状态传递无能为力。

对于问题 2，经常会采用父子组件直接引用，或者通过事件来变更和同步状态的多份复制。

以上的这些模式非常脆弱，通常会导致无法维护的代码。因此，我们为什么不把组件的共享状态抽取出来，以一个全局单例模式管理呢？在这种模式下，组件树构成了一个巨大的"视图"树，无论在树的哪个位置，任何组件都能获取状态或者触发行为。

通过定义和隔离状态管理中的各种概念，并通过强制规则维持视图和状态间的独立性，代码将会变得更加结构化且易于维护。

这就是 Vuex 产生的背景，它借鉴了 Flux、Redux 和 The Elm Architecture。与其他模式不同的是，Vuex 是专门为 Vue.js 设计的状态管理库，利用 Vue.js 的细粒度数据响应机制来进行高效的状态更新。

16.2 安装 Vuex

使用 CDN 方式安装：

```
<!-- 引入最新版本-->
<script src="https://unpkg.com/vuex@next"></script>
<!-- 引入指定版本-->
<script src="https://unpkg.com/vuex@4.0.0-rc.1"></script>
```

在使用 Vue 脚手架开发项目时，可以使用 npm 或 yarn 安装 Vuex，执行以下命令安装：

```
npm install vuex@next --save
yarn add vuex@next --save
```

安装完成之后，还需要在 main.js 文件中导入 createStore，并调用该方法创建一个 store 实例，然后使用 use()来安装 Vuex 插件。代码如下：

```
import {createApp} from 'vue'
//引入 Vuex
import {createStore} from 'vuex'
//创建新的 store 实例
const store = createStore({
    state(){
        return{
            count:1
        }
    }
})
const app = createApp({})
```

```
//安装 Vuex 插件
app.use(store)
```

16.3　在项目中使用 Vuex

本节讲解在脚手架搭建的项目中如何使用 Vuex 的对象。

16.3.1　搭建一个项目

下面使用脚手架来搭建一个项目 myvuex，具体操作步骤说明如下：

（1）使用 vue create myvuex 命令创建项目，选择手动配置模块，如图 16-2 所示。

（2）按回车键，进入模块配置界面，然后通过空格键选择要配置的模块，这里选择 Vuex 来配置预处理器，如图 16-3 所示。

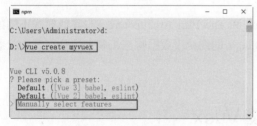

图 16-2　手动配置模块

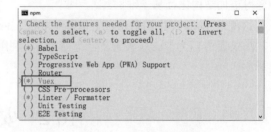

图 16-3　模块配置界面

（3）按回车键，进入选择版本界面，这里选择 3.x 选项，如图 16-4 所示。

（4）按回车键，进入代码格式和校验选项界面，这里选择默认的第一项，表示仅用于错误预防，如图 16-5 所示。

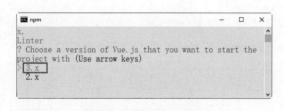

图 16-4　选择 3.x 选项

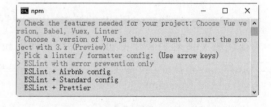

图 16-5　代码格式和校验选项界面

（5）按回车键，进入何时检查代码界面，这里选择默认的第一项，表示保存时检测，如图 16-6 所示。

（6）按回车键，接下来设置如何保存配置信息，第 1 项表示在专门的配置文件中保存配置信息，第 2 项表示在 package.json 文件中保存配置信息，这里选择第 1 项，如图 16-7 所示。

（7）按回车键，接下来设置是否保存本次设置，如果选择保存本次设置，以后在使用 vue create 命令创建项目时，会出现保存过的配置供用户选择。这里输入"y"，表示保存本次设置，如图 16-8 所示。

（8）按回车键，接下来为本次配置取个名字，这里输入"mysets"，如图 16-9 所示。

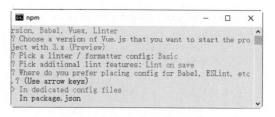

图 16-6　何时检查代码界面　　　　　　图 16-7　设置如何保存配置信息

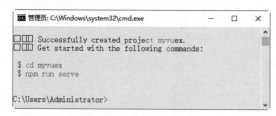

图 16-8　保存本次设置　　　　　　图 16-9　设置本次配置的名字

（9）按回车键，项目创建完成后，结果如图 16-10 所示。

项目创建完成后，目录结构中会出现一个 store 文件夹，该文件夹中有一个 index.js 文件，如图 16-11 所示。

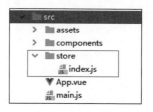

图 16-10　项目创建完成　　　　　　图 16-11　src 目录结构

index.js 文件的代码如下：

```
import { createStore } from 'vuex'

export default createStore({
    state: {
    },
    mutations: {
    },
    actions: {
    },
    modules: {
    }
})
```

16.3.2　state 对象

在上面的 myvuex 项目中，可以把共用的数据提取出来，放到状态管理的 state 对象中。创建项目时已经配置了 Vuex，所以直接在 store 文件夹下的 index.js 文件中编写即可，代码如下：

```
import { createStore } from 'vuex'
```

```
export default createStore({
    state: {
        name:"洗衣机",
        price:8600
    },
    mutations: {
    },
    actions: {
    },
    modules: {
    }
})
```

在 HelloWorld.vue 组件中通过 this.$store.state.xxx 可以获取 state 对象的数据。修改 HelloWorld.vue 的代码如下：

```
<template>
    <div>
     <h1>商品名称：{{ name }}</h1>
     <h1>商品价格：{{ price }}</h1>
    </div>
</template>
<script>
export default {
    name: 'HelloWorld',
    computed: {
        name(){
            return this.$store.state.name
         },
        price(){
            return this.$store.state.price
         },
    }
}
</script>
```

使用 cd mydemo 命令进入项目，然后使用脚手架提供的 npm run serve 命令启动项目，项目启动成功后，会提供本地的测试域名，只需要在浏览器中输入 http://localhost:8080/，即可打开项目，如图 16-12 所示。

图 16-12　访问 state 对象

16.3.3　getter 对象

有时组件中获取到 store 中的 state 数据后，需要对其加工后才能使用，computed 属性中就需要用到写操作函数，如果有多个组件中都需要进行这个操作，那么在各个组件中都要写相同的函数，这就非常麻烦。

这时可以把这个相同的操作写到 store 的 getters 对象中。每个组件只要引用 getter 就可以了，非常方便。getter 就是把组件中共有的对 state 的操作进行了提取，它相当于是 state 的计算属性。getter 的返回值会根据它的依赖被缓存起来，且只有当它的依赖值发生了改变，才会被重新计算。

提示：getter 接受 state 作为第一个参数。

getters 可以用于监听 state 中的值的变化，返回计算后的结果，这里修改 index.js 和 HelloWorld.vue 文件。

修改 index.js 文件的代码如下：

```
import { createStore } from 'vuex'
export default createStore({
    state: {
        name:"洗衣机",
        price:8600
    },
    getters: {
        getterPrice(state){
            return state.price+=300
        }
    },
    mutations: {
    },
    actions: {
    },
    modules: {
    }
})
```

修改 HelloWorld.vue 的代码如下：

```
<template>
    <div>
      <h1>商品名称：{{ name }}</h1>
      <h1>商品涨价后的价格：{{ getPrice }}</h1>
    </div>
</template>
<script>
export default {
    name: 'HelloWorld',
    computed: {
        name(){
            return this.$store.state.name
        },
        price(){
            return this.$store.state.price
        },
        getPrice(){
            return this.$store.getters.getterPrice
        }
    }
}
</script>
```

重新运行项目，价格增加了 300，效果如图 16-13 所示。

与 state 对象一样，getters 对象也有一个辅助函数 mapGetters，它将 store 中的 getter 映射到局部计算属性中。首先引入辅助函数 mapGetters：

```
import { mapGetters } from 'vuex'
```

例如上面的代码可简化为：

```
...mapGetters([
    'varyFrames'
])
```

如果想为一个 getter 属性另取一个名字，可以使用对象形式：

图 16-13　getter 对象

```
...mapGetters({
    varyFramesOne:'varyFrames'
})
```

16.3.4　mutation 对象

修改 Vuex 的 store 中的数据，唯一的方法就是提交 mutation。Vuex 中的 mutation 类似于事件。每个 mutation 都有一个字符串的事件类型（type）和一个回调函数（handler）。这个回调函数就是实际进行数据修改的地方，并且它会接受 state 作为第一个参数。

我们修改上一小节的示例，在项目中添加两个<button>按钮，修改的数据将会渲染到组件中。

修改 index.js 文件的代码如下：

```
import { createStore } from 'vuex'
export default createStore({
    state: {
        name:"洗衣机",
        price:8600
    },
    getters: {
        getterPrice(state){
            return state.price+=300
        }
    },
    mutations: {
        addPrice(state,obj){
            return state.price+=obj.num;
        },
        subPrice(state,obj){
            return state.price -=obj.num;
        }
    },
    actions: {
    },
    modules: {
    }
})
```

修改 HelloWorld.vue 的代码如下：

```
<template>
  <div>
    <h1>商品名称：{{ name }}</h1>
    <h1>商品的最新价格：{{ price }}</h1>
    <button @click="handlerAdd()">涨价</button>
    <button @click="handlerSub()">降价</button>
  </div>
</template>
<script>
export default {
  name: 'HelloWorld',
  computed: {
    name(){
      return this.$store.state.name
     },
    price(){
      return this.$store.state.price
     },
    getPrice(){
      return this.$store.getters.getterPrice
    }
  },
  methods: {
    handlerAdd(){
      this.$store.commit("addPrice",{
        num:100
      })
    },
    handlerSub(){
      this.$store.commit("subPrice",{
        num:100
      })
    },
  },
  }
</script>
```

重新运行项目，单击"涨价"按钮，商品价格增加 100；单击"降价"按钮，商品价格减少 100。效果如图 16-14 所示。

16.3.5　action 对象

action 类似于 mutation，不同之处如下：

- action 提交的是 mutation，而不是直接变更数据状态。
- action 可以包含任意异步操作。

在 Vuex 中提交 mutation 是修改状态的唯一方法，并且这个过程是同步的，异步逻辑都应该封装到 action 对象中。

图 16-14　mutation 对象

action 函数接受一个与 store 实例具有相同方法和属性的 context 对象，因此可以调用

context.commit 来提交一个 mutation，或者通过 context.state 和 context.getters 来获取 state 和 getters 中的数据。

继续修改上面的示例项目，使用 action 对象执行异步操作，单击按钮后，异步操作在 3 秒后执行。

修改 index.js 文件的代码如下：

```
import { createStore } from 'vuex'

export default createStore({
    state: {
        name:"洗衣机",
        price:8600
    },
    getters: {
        getterPrice(state){
           return state.price+=300
        }
    },
    mutations: {
        addPrice(state,obj){
            return state.price+=obj.num;
        },
        subPrice(state,obj){
            return state.price-=obj.num;
        }
    },
    actions: {
        addPriceasy(context){
            setTimeout(()=>{
                context.commit("addPrice",{
                 num:100
               })
            },3000)
        },
        subPriceasy(context){
            setTimeout(()=>{
                context.commit("subPrice",{
                 num:100
               })
            },3000)
        }
    },
    modules: {
    }
})
```

修改 HelloWorld.vue 的代码如下：

```
<template>
<div>
    <h1>商品名称：{{ name }}</h1>
    <h1>商品的最新价格：{{ price }}</h1>
    <button @click="handlerAdd()">涨价</button>
    <button @click="handlerSub()">降价</button>
    <button @click="handlerAddasy()">异步涨价(3 秒后执行)</button>
    <button @click="handlerSubasy()">异步降价(3 秒后执行)</button>
```

```
</div>
</template>
<script>
export default {
    name: 'HelloWorld',
    computed: {
        name(){
            return this.$store.state.name
        },
        price(){
            return this.$store.state.price
        },
        getPrice(){
            return this.$store.getters.getterPrice
        }
    },
    methods: {
      handlerAdd(){
            this.$store.commit("addPrice",{
                num:100
            })
        },
        handlerSub(){
            this.$store.commit("subPrice",{
                num:100
            })
        },
        handlerAddasy(){
            this.$store.dispatch("addPriceasy")
        },
        handlerSubasy(){
            this.$store.dispatch("subPriceasy")
        },
    },
    }
</script>
```

　　重新运行项目，页面效果如图 16-15 所示。单击"异步降价（3 秒后执行）"按钮，可以发现页面在延迟 3 秒后，商品的最新价格减少 100。

图 16-15　action 对象

16.4　综合案例——使用 Vuex 开发商城购物车功能

利用前面学习过的 Vuex 知识开发一个商城购物车功能。在购物车中，用户可以添加和删除商品信息，同时可以分别设置商品数量，最后自动计算商品的总价格。

具体操作步骤如下：

（1）使用 Vue CLI 中的命令 vue create shop 创建一个 Vue 的脚手架项目，配置方式选择 Default（[Vue 3] babel, eslint)，开始创建项目。

（2）项目创建完成后，使用命令 cd shop 进入项目，然后安装 Vuex，命令如下：

```
npm install vuex@next --save
```

（3）在项目的 src 目录下新建一个文件夹 store，然后在该文件夹中新建一个 index.js 文件，该文件的代码如下：

```
import { createStore } from 'vuex'
import cart from './modules/cart'

const store = createStore({
  modules: {
    cart
  }
})
export default store
```

（4）在文件夹 store 中新建一个文件夹 modules，然后在该文件夹中新建一个 cart.js 文件，该文件的代码如下：

```
import goods from '@/data/goods.js'
const cart = {
  namespaced: true,
  state() {
    return {
      items: goods  // 使用导入的 goods 对 items 进行初始化
    }
  },
  mutations: {
    pushItemToCart (state, g) {
      state.items.push(g);
    },
    deleteItem (state, id){
      // 根据提交的 id 载荷，查找是否存在相同 id 的商品，返回商品的索引
      let index = state.items.findIndex(item => item.id === id);
      if(index >= 0){
        state.items.splice(index, 1);
      }
    },
    incrementItemCount(state, {id, count}){
      let item = state.items.find(item => item.id === id);
      if(item){
```

```
      item.count += count; // count 为 1，则加一；count 为-1，则减一
        }
      }
    },
    getters: {
      cartItemPrice(state){
        return function(id){
          let item = state.items.find(item => item.id === id);
          if(item){
            return item.price * item.count;
          }
        }
      },
      cartTotalPrice(state){
        return state.items.reduce((total, item) =>{
          return total + item.price * item.count;
        }, 0);
      }
    },
    actions: {
      addItemToCart(context, g){
        let item = context.state.items.find(item => item.id === g.id);
        // 如果添加的商品已经在购物车中存在，则只增加购物车中商品的数量
        if(item){
          context.commit('incrementItemCount', g);
        }
        // 如果添加的商品是新商品，则加入购物车中
        else{
          context.commit('pushItemToCart', g);
        }
      }
    }
}
export default cart
```

（5）在程序的入口 main.js 文件中使用 store 实例，从而在应用程序中使用 Vuex 的状态管理功能，代码如下：

```
import { createApp } from 'vue'
import App from './App.vue'
import store from './store'
createApp(App).use(store).mount('#app')
```

（6）在项目的 src 目录下新建一个文件夹 data，然后在该文件夹中新建一个 goods.js 文件，该文件主要用于存放商品的数据，具体代码如下：

```
export default [
  {
    id: 1,
    title: '风云牌洗衣机',
    city: '上海',
    price: 6800,
    count: 1
  },
  {
```

```
    id: 2,
    title: '长垣牌冰箱',
    city: '北京',
    price: 3800,
    count: 1
  },
  {
    id: 3,
    title: '风云牌电视机',
    city: '上海',
    price:5600,
    count: 1
  },
  {
    id: 4,
    title: '长垣牌电风扇',
    city: '北京',
    price:1600,
    count: 1
  }
]
```

（7）接下来编写购物车组件。在 components 文件夹下删除 HelloWorld 组件，然后创建 Cart.vue，具体代码如下：

```
<template>
  <div>
<table>
  <tr>
    <td colspan="2"><h2>填写新商品的信息</h2></td>
  </tr>
  <tr>
    <td>商品编号</td>
    <td><input type="text" v-model.number="id"></td>
  </tr>
  <tr>
    <td>商品名称</td>
    <td><input type="text" v-model="title"></td>
  </tr>
  <tr>
    <td>商品产地</td>
    <td><input type="text" v-model="city"></td>
  </tr>
  <tr>
    <td>商品价格</td>
    <td><input type="text" v-model="price"></td>
  </tr>
  <tr>
    <td>数量</td>
    <td><input type="text" v-model.number="quantity"></td>
  </tr>
  <tr>
    <td colspan="2"><button @click="addCart">加入购物车</button></td>
  </tr>
</table>
```

```
    <table>
      <thead>
  <tr>
    <td colspan="7"><h2>亿丰商城购物车</h2></td>
  </tr>
        <tr>
          <th>编号</th>
          <th>商品名称</th>
          <th>商品产地</th>
          <th>价格</th>
          <th>数量</th>
          <th>金额</th>
          <th>操作</th>
        </tr>
      </thead>
      <tbody>
        <tr v-for="g in goods" :key="g.id">
          <td>{{ g.id }}</td>
          <td>{{ g.title }}</td>
          <td>{{ g.city}}</td>
          <td>{{ g.price }}</td>
          <td>
            <button :disabled="g.count===0" @click="increment({id: g.id, count:
-1})">-</button>
            {{ g.count }}
            <button @click="increment({id: g.id, count: 1})">+</button>
          </td>
          <td>{{ itemPrice(g.id) }}</td>
          <td><button @click="deleteItem(g.id)">删除</button></td>
        </tr>
      </tbody>
    </table>
    <span>总价：¥{{ totalPrice }}</span>
  </div>
</template>

<script>
import { mapMutations, mapState, mapGetters, mapActions } from 'vuex'
export default {
  data(){
    return {
      id: null,
      title: '',
      city: '',
      price: '',
      quantity: 1
    }
  },
  computed: {
    /* goods(){
    return this.$store.state.items;
    } */
    ...mapState('cart', {
      goods: 'items'
    }),
```

```
    ...mapGetters('cart', {
      itemPrice: 'cartItemPrice',
      totalPrice: 'cartTotalPrice'
    })
  },
  methods: {
    ...mapMutations('cart', {
      addItemToCart: 'pushItemToCart',
      increment: 'incrementItemCount'
    }),
    ...mapMutations('cart', [
      'deleteItem'
    ]),
    ...mapActions('cart', [
      'addItemToCart'
    ]),
    addCart(){
      //this.$store.commit('pushItemToCart', {
      /* this.addItemToCart({
        id: this.id,
        title: this.title,
        city: this.city,
        price: this.price,
        count: this.quantity
      }) */

      //this.$store.dispatch('addItemToCart', {
      this.addItemToCart({
        id: this.id,
        title: this.title,
        city: this.city,
        price: this.price,
        count: this.quantity
      })
      this.id = '';
      this.title = '';
      this.city = '';
      this.price = '';
    }
  }
};
</script>

<style scoped>
div {
  width: 800px;
}
table {
  border: 1px solid black;
  width: 100%;
  margin-top: 20px;
}
th {
  height: 50px;
}
th, td {
```

```
  border-bottom: 1px solid #ddd;
  text-align: center;
}
span {
  float: right;
}
</style>
```

（8）在 App.vue 组件中添加 Cart 组件，代码如下：

```
<template>
  <Cart />
</template>

<script>
import Cart from './components/Cart.vue'

export default {
  name: 'App',
  components: {
    Cart
  }
}
</script>

<style>
#app {
  font-family: Avenir, Helvetica, Arial, sans-serif;
  -webkit-font-smoothing: antialiased;
  -moz-osx-font-smoothing: grayscale;
  text-align: center;
  color: #2c3e50;
  margin-top: 60px;
}
</style>
```

（9）使用脚手架提供的 npm run serve 命令启动项目，在浏览器地址栏中输入
http://localhost:8080/，即可打开项目，然后可以填写新商品的信息，如图 16-16 所示。

图 16-16　在浏览器中打开项目

（10）单击"加入购物车"按钮，商品信息会被添加到购物车中，此时将自动计算商品的总价格，如图 16-17 所示。用户还可以修改商品的数量或者删除商品。

图 16-17　添加新商品

16.5　疑 难 解 惑

疑问 1：Vuex 和单纯的全局对象有什么不同？

Vuex 和单纯的全局对象有以下两点不同：

（1）Vuex 的状态存储是响应式的。当 Vue 组件从 store 中读取数据的时候，如果 store 中的状态发生变化，那么相应的组件也会得到高效更新。

（2）不能直接改变 store 中的数据。改变 store 中数据的唯一途径就是显式地提交（commit）mutation，这样使得可以方便地跟踪每一个数据的变化，从而能够实现一些工具，以帮助我们更好地了解应用。

疑问 2：什么情况下使用 Vuex？

Vuex 可以帮助我们管理共享数据，并附带了更多的概念和框架。这需要对短期和长期效益进行权衡。

如果不打算开发大型单页应用，使用 Vuex 可能是烦琐冗余的。如果你的应用够简单，最好不要使用 Vuex，一个简单的 store 模式就足够了。但是，如果需要构建一个中大型单页应用，那么可能要考虑如何更好地在组件外部管理数据，Vuex 将会成为自然而然的选择。

一般情况下，只有组件之间共享的数据，才有必要存储到 Vuex 中，对于组件中的私有数据，一般存储在组件自身的 data 选项中即可。

第17章

网上购物商城开发实战

本章将利用 Vue 框架开发一个网上购物商城系统。该商城主要售卖的商品为电器,并提供用户的注册和登录功能。商城的商品页包括对商品的介绍、特色、适用人群的说明,用户可以根据商品的介绍选择适合自己的商品,进行下单购买、支付操作。该系统设计简洁、易于操作、代码可读性强。

17.1 系统功能结构

在设计系统的时候,根据系统的需求添加所需要的功能。因此,本节介绍的数据流图是一种图形化的设计技术,通过数据流图可以清晰地看到设计的软件中所描绘的信息流和数据流之间相互转换的过程。数据流图只需要考虑系统必须完成的基本逻辑功能,完全不用考虑怎样具体地实现这些功能。

网上购物商城系统的业务流程如图 17-1 所示。

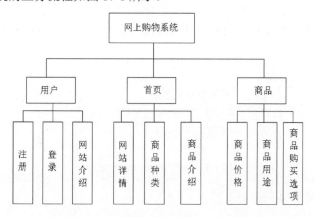

图 17-1　网上购物商城系统的业务流程图

17.2　系统结构分析

根据系统的业务流程图，在程序的构造过程中，形成了如图 17-2 所示的整体结构。

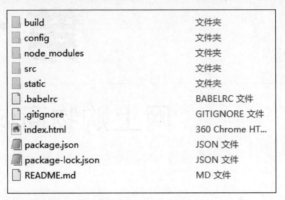

图 17-2　整体结构图

针对文件中的配置进行如下解释：

（1）build 文件是 Webpack 的打包编译配置文件。

（2）config 文件夹存放的是一些配置项，比如服务器访问的端口配置等。

（3）node_modules 是安装 Node 后，用来存放包管理工具的下载安装包的文件夹，比如 Webpack、Gulp、Grunt 这些工具。package.json 是项目配置文件。

（4）src 为项目主目录。

（5）static 为 Vue 项目的静态资源。

（6）index.html 是整个项目的入口文件，将会引用根组件。

17.3　系统运行效果

打开 DOS 系统窗口，使用 cd 命令进入购物商城的系统文件夹 shopping，然后执行 npm run serve 命令，如图 17-3 所示。

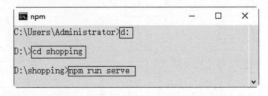

图 17-3　执行 npm run serve 命令

接着会跳转出如图 17-4 所示的页面。

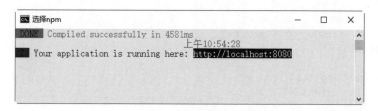

图 17-4　系统成功运行

把图示的网址复制到浏览器地址栏中打开，就能访问本章开发的网上购物商城。

17.4　系统功能模块设计与实现

根据系统需求，本节将对系统中的各个模块进行详细说明，并对模块的构成和模块中的代码进行分析。

17.4.1　首页模块

下面展示在网上购物商城中首页所显示的各种商品的信息，包括系统的产品说明、最新发布的消息、销售商品的展示。在系统的左上角有返回首页的标志，右上角有关于新用户的注册和登录，以及关于网站的介绍。左上角的小房子是返回首页的按钮，如图 17-5 所示。

图 17-5　系统首页

程序中登录、注册和关于的相关操作的文件是 App.vue，核心代码如下：

```
<template>
<div>
   <div class="app-head">
     <div class="app-head-inner">
      <router-link :to="{name: 'index'}" class="head-logo">
        <img src="./assets/logo.png">
      </router-link>
      <div class="head-nav">
        <ul class="nav-list">
         <li @click="showDialog('isShowLogin')">登录</li>
         <li class="nav-pile">|</li>
         <li @click="showDialog('isShowReg')">注册</li>
         <li class="nav-pile">|</li>
         <li @click="showDialog('isShowAbout')">关于</li>
        </ul>
      </div>
     </div>
   </div>
   <div class="container">
```

```
      <keep-alive>
        <router-view></router-view>
      </keep-alive>
    </div>
    <div class="app-foot">
      <p>© 2022 风云网上购物商城</p>
    </div>
    <this-dialog :is-show="isShowAbout" @on-close="hideDialog('isShowAbout')">
      <p>本平台主要用于电器类商品的销售。如果遇到问题，请联系平台开发者的微信 codehome6，从而获
取技术支持。</p>
    </this-dialog>
    <this-dialog :is-show="isShowLogin" @on-close="hideDialog('isShowLogin')">
      <login-form @on-success="" @on-error=""></login-form>
    </this-dialog>
  </div>
</template>

<script>
import ThisDialog from '@/components/base/dialog'
import LoginForm from '@/components/logForm'

export default {
    name: 'app',
    components: {
      ThisDialog,
      LoginForm
    },
    data: function () {
      return {
        isShowAbout: false,
        isShowLogin: false,
        isShowReg: false
      }
    },
    methods: {
      showDialog (param) {
        this[param] = true
      },
      hideDialog (param) {
        this[param] = false
      }
    }
}
</script>
```

17.4.2　首页信息展示模块

下面主要针对首页信息展示模块进行介绍，首页内容主要包括"全部产品"模块、"热销产品"
模块以及产品分类信息展示模块等，如图 17-6 所示。

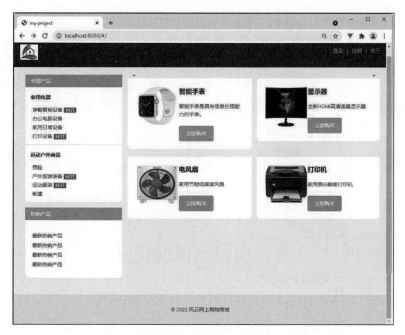

图 17-6　系统首页信息

首页信息展示的文件为 mock.js，其核心代码如下：

```
import Mock from 'mockjs'
Mock.mock(/getNewsList/, {
    'list|4': [{
        'url': '#',
        'title': '最新热销产品'
    }]
})
Mock.mock(/getPrice/, {
    'number|1-100': 100
})
Mock.mock(/createOrder/, 'number|1-100')
Mock.mock(/getBoardList/, [
    {
        title: '智能手表',
        description: '智能手表是具有信息处理能力的手表。',
        id: 'car',
        toKey: 'count',
        saleout: '@boolean'
    },
    {
        title: '显示器',
        description: '全新 HDMI 高清液晶显示器',
        id: 'earth',
        toKey: 'analysis',
        saleout: '@boolean'
    },
    {
        title: '电风扇',
        description: '家用节能低噪音风扇',
```

```
            id: 'loud',
            toKey: 'forecast',
            saleout: '@boolean'
        },
        {
            title: '打印机',
            description: '家用黑白静音打印机',
            id: 'hill',
            toKey: 'publish',
            saleout: '@boolean'
        }
    ])
Mock.mock(/getProductList/, {
        pc: {
            title: '家用电器',
            list: [
                {
                    name: '穿戴智能设备',
                    url: '#',
                    hot: '@boolean'
                },
                {
                    name: '办公电脑设备',
                    url: '#',
                    hot: '@boolean'
                },
                {
                    name: '家用日常设备',
                    url: '#',
                    hot: '@boolean'
                },
                {
                    name: '打印设备',
                    url: '#',
                    hot: '@boolean'
                }
            ]
        },
        app: {
            title: '运动户外商品',
            last: true,
            list: [
                {
                    name: '男鞋',
                    url: '#',
                    hot: '@boolean'
                },
                {
                    name: '户外旅游装备',
                    url: '#',
                    hot: '@boolean'
                },
                {
                    name: '运动服装',
```

```
            url: '#',
            hot: '@boolean'
          },
          {
            name: '帐篷',
            url: '#',
            hot: '@boolean'
          }
        ]
      }
})
Mock.mock(/getTableData/, {
    "total": 25,
    "list|25": [
      {
        "orderId": "@id",
        "product": "@ctitle(4)",
        "version": "@ctitle(3)",
        "period": "@integer(1,5)年",
        "buyNum": "@integer(1,8)",
        "date": "@date()",
        "amount": "@integer(10, 500)元"
      }
    ]
})
```

17.4.3　用户登录模块

当用户使用商品购物平台时，首先需要注册、登录，拥有账号之后才能购买商品。登录模块如图 17-7 所示，单击首页右上角的登录，打开登录页面，输入已经注册的用户名和密码，输入错误则提示重新输入。

图 17-7　用户登录

实现登录页面的代码如下：

```
<template>
<div class="login-form">
    <div class="g-form">
        <div class="g-form-line" v-for="formLine in formData">
            <span class="g-form-label">{{ formLine.label }}: </span>
            <div class="g-form-input">
                <input type="text" v-model="formLine.model" placeholder="请输入用户名">
            </div>
        </div>
<div class="g-form-line">
    <div class="g-form-btn">
        <a class="button" @click="onLogin">登录</a>
    </div>
</div>
</div>
</div>
</template>
<script>
export default {
    props: {
        'isShow': 'boolean'
    },
    data () {
        return {
        }
    },
    computed: {
        userErrors () {
            let status, errorText
            if (!/@/g.test(this.usernameModel)) {
                status = false
                errorText = '必须包含@'
            }
            else {
                status = true
                errorText = ''
            }
            return {
                status,
                errorText
            }
        },
        passwordErrors () {
            let status, errorText
            if (!/@/g.test(this.usernameModel)) {
                status = false
                errorText = '必须包含@'
            }
            else {
                status = true
                errorText = ''
            }
            return {
                status,
                errorText
            }
        }
    },
    methods: {
        closeMyself () {
```

```
                this.$emit('on-close')
            }
        }
    }
</script>
```

17.4.4　商品模块

在首页的信息展示区，可以看到有 4 类商品介绍所对应的代码包，如图 17-8 所示，下面选择显示器商品的 analysis.vue 模块进行说明。

图 17-8　商品模块代码文件

在首页单击进行购买的按钮后，进入商品的介绍界面，针对商品给出分类、价格、说明、视频讲解等多方面的介绍。当用户选择好要购买的商品时，可以针对自己的需求确定相应的商品类型、产品颜色、售后时间、产品尺寸等信息，然后进行购买，如图 17-9 所示。

图 17-9　商品介绍

显示器商品模块的实现文件是 analysis.vue，其核心代码如下：

```
<template>
<div class="sales-board">
    <div class="sales-board-intro">
```

```
        <h2>显示器</h2>
        <p>全新 HDMI 高清液晶显示器。</p>
    </div>
    <div class="sales-board-form">
        <div class="sales-board-line">
            <div class="sales-board-line-left">
                购买数量：
            </div>
            <div class="sales-board-line-right">
                <v-counter @on-change="onParamChange('buyNum', $event)"></v-counter>
            </div>
        </div>
        <div class="sales-board-line">
            <div class="sales-board-line-left">
                产品颜色：
            </div>
            <div class="sales-board-line-right">
                <v-selection :selections="buyTypes" @on-change=
"onParamChange('buyType', $event)"></v-selection>
            </div>
        </div>
        <div class="sales-board-line">
            <div class="sales-board-line-left">
                售后时间：
            </div>
            <div class="sales-board-line-right">
                <v-chooser
                :selections="periodList"
                @on-change="onParamChange('period', $event)"></v-chooser>
            </div>
        </div>
        <div class="sales-board-line">
            <div class="sales-board-line-left">
                产品尺寸：
            </div>
            <div class="sales-board-line-right">
                <v-mul-chooser
                :selections="versionList"
                @on-change="onParamChange('versions', $event)"></v-mul-chooser>
            </div>
        </div>
        <div class="sales-board-line">
            <div class="sales-board-line-left">
                总价：
            </div>
            <div class="sales-board-line-right">
                {{ price*10 }} 元
            </div>
        </div>
        <div class="sales-board-line">
            <div class="sales-board-line-left"> </div>
            <div class="sales-board-line-right">
                <div class="button" @click="showPayDialog">
                立即购买
                </div>
```

```
            </div>
          </div>
        </div>
        <div class="sales-board-des">
          <h2>商品说明</h2>
          <p>颜色艳丽、外观大方、尺寸刚刚好，色彩精准，修图很好用。</p>
          <h3>视频讲解</h3>
          <ul>
            <li>需要视频请联系微信 codehome6</li>
          </ul>
        </div>
        <my-dialog :is-show="isShowPayDialog" @on-close="hidePayDialog">
          <table class="buy-dialog-table">
            <tr>
              <th>购买数量</th>
              <th>产品颜色</th>
              <th>售后时间</th>
              <th>产品尺寸</th>
              <th>总价</th>
            </tr>
            <tr>
              <td>{{ buyNum }}</td>
              <td>{{ buyType.label }}</td>
              <td>{{ period.label }}</td>
              <td>
                <span v-for="item in versions">{{ item.label }}</span>
              </td>
              <td>{{ price*10 }}</td>
            </tr>
          </table>
          <h3 class="buy-dialog-title">请选择银行</h3>
          <bank-chooser @on-change="onChangeBanks"></bank-chooser>
          <div class="button buy-dialog-btn" @click="confirmBuy">
            确认购买
          </div>
        </my-dialog>
        <my-dialog :is-show="isShowErrDialog" @on-close="hideErrDialog">
          支付失败！
        </my-dialog>
    <check-order :is-show-check-dialog="isShowCheckOrder" :order-id="orderId"
@on-close-check-dialog="hideCheckOrder"></check-order>
    </div>
    </template>
    <script>
    import VSelection from '../../components/base/selection'
    import VCounter from '../../components/base/counter'
    import VChooser from '../../components/base/chooser'
    import VMulChooser from '../../components/base/multiplyChooser'
    import Dialog from '../../components/base/dialog'
    import BankChooser from '../../components/bankChooser'
    import CheckOrder from '../../components/checkOrder'
    import _ from 'lodash'
    import axios from 'axios'
    export default {
      components: {
```

```
      VSelection,
      VCounter,
      VChooser,
      VMulChooser,
      MyDialog: Dialog,
      BankChooser,
    CheckOrder
  },
  data () {
    return {
      buyNum: 0,
      buyType: {},
      versions: [],
      period: {},
      price: 1000,
      versionList: [
        {
          label: '19寸',
          value: 0
        },
        {
          label: '21寸',
          value: 1
        },
        {
          label: '28寸',
          value: 2
        }
      ],
      periodList: [
        {
          label: '半年',
          value: 0
        },
        {
          label: '一年',
          value: 1
        },
        {
          label: '三年',
          value: 2
        }
      ],
      buyTypes: [
        {
          label: '红色',
          value: 0
        },
        {
          label: '黑色',
          value: 1
        },
        {
          label: '灰色',
          value: 2
```

```
      }
    ],
    isShowPayDialog: false,
    bankId: null,
    orderId: null,
    isShowCheckOrder: false,
    isShowErrDialog: false
  }
},
methods: {
  onParamChange (attr, val) {
    this[attr] = val
    this.getPrice()
  },
  getPrice () {
    let buyVersionsArray = _.map(this.versions, (item) => {
      return item.value
    })
    let reqParams = {
      buyNumber: this.buyNum,
      buyType: this.buyType.value,
      period: this.period.value,
      version: buyVersionsArray.join(',')
    }
    axios.post('/api/getPrice', reqParams)
    .then((res) => {
      this.price = res.data.number
    })
  },
  showPayDialog () {
    this.isShowPayDialog = true
  },
  hidePayDialog () {
    this.isShowPayDialog = false
  },
  hideErrDialog () {
    this.isShowErrDialog = false
  },
  hideCheckOrder () {
    this.isShowCheckOrder = false
  },
  onChangeBanks (bankObj) {
    this.bankId = bankObj.id
  },
  confirmBuy () {
    let buyVersionsArray = _.map(this.versions, (item) => {
      return item.value
    })
    let reqParams = {
      buyNumber: this.buyNum,
      buyType: this.buyType.value,
      period: this.period.value,
      version: buyVersionsArray.join(','),
      bankId: this.bankId
    }
```

```
    axios.post('/api/createOrder', reqParams)
    .then((res) => {
      this.orderId = res.data.orderId
      this.isShowCheckOrder = true
      this.isShowPayDialog = false
    })
    .catch((err) => {
      this.isShowBuyDialog = false
      this.isShowErrDialog = true
    })
  }
  },
  mounted () {
    this.buyNum = 1
    this.buyType = this.buyTypes[0]
    this.versions = [this.versionList[0]]
    this.period = this.periodList[0]
    this.getPrice()
  }
}
</script>
```

17.4.5　购买模块

当用户浏览网站时，选择好自己所要购买的商品并单击"立即购买"按钮之后，会出现如图 17-10 所示的窗口。

图 17-10　购买付款

购买模块中银行卡支付的代码如下：

```
<template>
<div class="chooser-component">
    <ul class="chooser-list">
```

```
        <li v-for="(item, index) in banks" @click="chooseSelection(index)"
            :title="item.label"
            :class="[item.name, {active: index === nowIndex}]"
        </li>
    </ul>
</div>
</template>
<script>
export default {
    data () {
        return {
            nowIndex: 0,
            banks: [{
                id: 201,
                label: '招商银行',
                name: 'zhaoshang'
            },
            {
                id: 301,
                label: '中国建设银行',
                name: 'jianshe'
            },
            {
                id: 101,
                label: '中国工商银行',
                name: 'gongshang'
            },
            {
                id: 401,
                label: '中国农业银行',
                name: 'nongye'
            },
            {
                id: 1201,
                label: '中国银行',
                name: 'zhongguo'
            },]
        }
    },
    methods: {
        chooseSelection (index) {
            this.nowIndex = index
            this.$emit('on-change', this.banks[index])
        }
    }
}
</script>
```

17.4.6　支付模块

可以选择多种银行卡支付，单击"确认购买"按钮之后，会出现如图 17-11 所示的窗口，提示用户查看自己的支付状态，以确认是否支付成功。

图 17-11 支付状态

用户是否支付成功模块的代码如下：

```
<template>
<div>
<this-dialog :is-show="isShowCheckDialog" @on-close="checkStatus">
请检查你的支付状态！
<div class="button" @click="checkStatus">
支付成功
</div>
<div class="button" @click="checkStatus">
支付失败
</div>
</this-dialog>
<this-dialog :is-show="isShowSuccessDialog" @on-close="toOrderList">
购买成功！
</this-dialog>
<this-dialog :is-show="isShowFailDialog" @on-close="toOrderList">
购买失败！
</this-dialog>
</div>
</template>
<script>
import Dialog from './base/dialog'
import axios from 'axios'
export default {
components: {
    thisDialog: Dialog
},
props: {
    isShowCheckDialog: {
    type: Boolean,
    default: false
},
orderId: {
    type: [String, Number]
}
},
data () {
    return {
```

```
            isShowSuccessDialog: false,
            isShowFailDialog: false
        }
    },
    methods: {
        checkStatus () {
            axios.post('/api/checkOrder', {
                orderId: this.orderId
            })
            .then((res) => {
                this.isShowSuccessDialog = true
                this.$emit('on-close-check-dialog')
            })
            .catch((err) => {
                this.isShowFailDialog = true
                this.$emit('on-close-check-dialog')
            })
        },
        toOrderList () {
            this.$router.push({path: '/orderList'})
        }
    }
}
</script>
<style scoped>
</style>
```

至此，完成了网上购物商城的前端开发工作。

第18章

电影购票 App 开发实战

本章将介绍一个电影购票 App 的开发。电影购票 App 使用 Vue 脚手架进行搭建，页面简洁、精致，其功能和一些常见的电影购票网站类似，例如支付宝中的"淘票票电影"。

18.1 脚手架项目的搭建

选择好项目存放的目录，使用 Vue 脚手架创建一个脚手架项目，项目名称为 buyfilm。打开命令提示符窗口，输入以下命令创建脚手架：

```
vue create buyfilm
```

选择 Manually select features，按照图 18-1 所示选择所需的功能，选择 Vue 3.x 版本，然后选择路由器使用 history 模式，如图 18-2 所示。

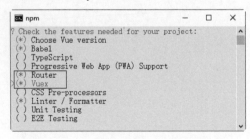

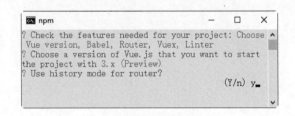

图 18-1 在脚手架项目中选择需要的功能　　　　　图 18-2 选择 history 模式

18.2 系 统 结 构

本项目使用的都是本地静态的资源，主要用于前端展示，没有涉及后台的开发。使用脚手架搭建的项目，目录结构可以根据自己喜好进行修改，但是要注意进行相应的配置。

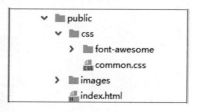

图 18-3　public 文件夹结构

其中 public 文件夹用来放置项目的静态文件，结构如图 18-3 所示。在 src 文件夹中，放置了所有的源码文件。其中 components 文件夹用来放置一些比较小的、公用的组件，例如头部和尾部组件，结构如图 18-4 所示。views 文件夹用来放置 3 个主页面的组件，是页面级别的组件，如图 18-5 所示。routers 文件夹用来放置路由，其中 index.js 文件是主路由，目录结构如图 18-6 所示。main.js 是项目入口文件的 JavaScript 逻辑，在 Webpack 打包之后将被注入 index.html 页面中。

图 18-4　components 文件夹结构

图 18-5　views 文件夹结构

图 18-6　routers 文件夹结构

18.3　系统运行效果

打开 DOS 系统窗口，使用 cd 命令进入电影购票系统文件夹 buyfilm，然后执行 npm run serve 命令，如图 18-7 所示。

接着会跳转到如图 18-8 所示的页面。

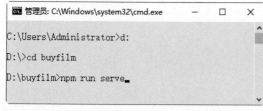
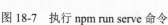

图 18-7　执行 npm run serve 命令

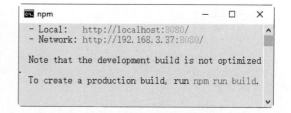

图 18-8　系统成功运行

把网址复制到浏览器地址栏中打开，就能访问本章开发的电影购票系统，App 主页面效果如图 18-9 所示。

图 18-9　电影购票系统 App 主页面效果

18.4　设计项目组件

组件是把重复利用的内容进行组件化，以方便调用。本项目组件是在 components 目录中进行定义的，本节介绍这些组件。

18.4.1　设计头部和底部导航组件

本项目主要由 3 个页面构成，分别是电影页面、影院页面和我的页面。3 个页面都包括头部内容和底部的导航栏，可以分别设计成组件，在每个页面中引入即可。

1. 头部组件（Header）

其代码如下：

```
<template>
    <header id="header">
        <h1>{{title}}</h1>
    </header>
</template>
<script>
    export default {
        name: "Header",
        // props 是子组件访问父组件数据的唯一接口
        props:{
            title:{
                type:String,
                default:'风云电影'
```

```
            }
        }
    }
</script>
```

头部组件在浏览器中运行后的效果如图 18-10 所示。

图 18-10　头部组件效果

2. 底部导航组件（TabBar）

在底部的导航中配置一级路由，用来切换主页面组件：电影页面、影院页面和我的页面。在文件中，<router-link>组件支持用户在具有路由功能的应用中单击导航。通过 to 属性指定目标地址，默认渲染为带有正确链接的<a>标签，可以通过配置 tag 属性生成别的标签。另外，当目标路由成功激活时，链接元素自动设置一个表示激活的 CSS 类名：

```
<template>
    <div id="footer">
        <ul>
            <router-link tag="li" to="/movie">
                <i class="fa fa-film"></i>
                <p>电影</p>
            </router-link>
            <router-link tag="li" to="/cinema">
                <i class="fa fa-youtube-square"></i>
                <p>影院</p>
            </router-link>
            <router-link tag="li" to="/mine">
                <i class="fa fa-user-circle"></i>
                <p>我的</p>
            </router-link>
        </ul>
    </div>
</template>
<script>
    export default {
        name: "Tabbar"
    }
</script>
```

底部导航组件在浏览器中运行后的效果如图 18-11 所示。

图 18-11　底部导航组件效果

18.4.2　设计电影页面组件

电影页面有 4 个组件，即城市、正在热映、即将上映和搜索组件，下面分别介绍。

1. 城市组件（City）

在城市组件中，只列举了首字母以 A、B、C、D、E 开头的城市。

```
<template>
    <div class="city_body">
        <div class="city_list">
            <div class="city_hot">
                <h2>热门城市</h2>
                <ul class="clearfix">
                    <li>北京</li>
                    <li>上海</li>
                    <li>天津</li>
                    <li>合肥</li>
                    <li>郑州</li>
                </ul>
            </div>
            <div class="city_sort">
                <div>
                    <h2>A</h2>
                    <ul>
                        <li>阿克苏</li>
                        <li>安康</li>
                        <li>安庆</li>
                    </ul>
                </div>
                <div>
                    <h2>B</h2>
                    <ul>
                        <li>白山</li>
                        <li>白城</li>
                        <li>宝鸡</li>
                    </ul>
                </div>
                <div>
                    <h2>C</h2>
                    <ul>
                        <li>沧州</li>
                        <li>长春</li>
                        <li>昌吉</li>
                    </ul>
                </div>
                <div>
                    <h2>D</h2>
                    <ul>
                        <li>大理</li>
                        <li>大连</li>
                        <li>大庆</li>
                    </ul>
                </div>
                <div>
                    <h2>E</h2>
                    <ul>
                        <li>鄂尔多斯</li>
```

```
                    <li>恩施</li>
                    <li>鄂州</li>
                </ul>
            </div>
        </div>
        <div class="city_index">
            <ul>
                <li>A</li>
                <li>B</li>
                <li>C</li>
                <li>D</li>
                <li>E</li>
            </ul>
        </div>
    </div>
</template>
<script>
    export default {
        name: "City"
    }
</script>
```

城市组件在浏览器中运行后的效果如图 18-12 所示。

图 18-12　城市组件效果

2. 正在热映组件（NowPlaying）

正在热映组件由一个列表设计完成，其核心代码如下：

```
<template>
    <div class="movie_body">
        <ul>
            <li>
                <div class="pic_show"><img src="../../../public/images/001.png"
alt=""></div>
                <div class="info_list">
```

```
                    <h2>机械师 2：复活</h2>
                    <p>观众评<span class="grade"> 8.9</span></p>
                    <p>主演： 杰森·斯坦森 杰西卡·阿尔芭 汤米·李·琼斯 杨紫琼 山姆·哈兹尔丁</p>
                    <p>今天 50 家影院放映 800 场</p>
                </div>
                <div class="btn_mall">
                    购票
                </div>
            </li>
            <li>
                <div class="pic_show"><img src="../../../public/images/002.png"
alt=""></div>
                <div class="info_list">
                    <h2>敢死队</h2>
                    <p>观众评<span class="grade"> 8.7</span></p>
                    <p>主演： 西尔维斯特·史泰龙，杰森·斯坦森，梅尔·吉布森</p>
                    <p>今天 50 家影院放映 750 场</p>
                </div>
                <div class="btn_mall">
                    购票
                </div>
            </li>
            <li>
                <div class="pic_show"><img src="../../../public/images/003.png"
alt=""></div>
                <div class="info_list">
                    <h2>最后的巫师猎人</h2>
                    <p>观众评<span class="grade"> 8.4</span></p>
                    <p>主演： 范·迪塞尔，萝斯·莱斯利，伊利亚·伍德，迈克尔·凯恩，丽纳·欧文</p>
                    <p>今天 50 家影院放映 600 场</p>
                </div>
                <div class="btn_mall">
                    购票
                </div>
            </li>
            <li>
                <div class="pic_show"><img src="../../../public/images/004.png"
alt=""></div>
                <div class="info_list">
                    <h2>饥饿游戏 3</h2>
                    <p>观众评<span class="grade"> 7.6</span></p>
                    <p>主演： 詹妮弗·劳伦斯，乔什·哈切森，利亚姆·海姆斯沃斯</p>
                    <p>今天 50 家影院放映 550 场</p>
                </div>
                <div class="btn_mall">
                    购票
                </div>
            </li>
            <li>
                <div class="pic_show"><img src="../../../public/images/005.png"
alt=""></div>
                <div class="info_list">
                    <h2>钢铁骑士</h2>
                    <p>观众评<span class="grade"> 7.3</span></p>
```

```
                    <p>主演： 本·温切尔，乔什·布雷纳，玛丽亚·贝罗， 迈克·道尔， 安迪·加西亚
</p>
                        <p>今天 50 家影院放映 500 场</p>
                    </div>
                    <div class="btn_mall">
                        购票
                    </div>
                </li>
                <li>
                    <div class="pic_show"><img src="../../../public/images/006.png"
alt=""></div>
                    <div class="info_list">
                        <h2>奔跑者
                        </h2>
                        <p>观众评<span class="grade"> 6.6</span></p>
                        <p>主演： 尼古拉斯·凯奇，康妮·尼尔森，莎拉·保罗森，彼得·方达</p>
                        <p>今天 50 家影院放映 500 场</p>
                    </div>
                    <div class="btn_mall">
                        购票
                    </div>
                </li>
            </ul>
        </div>
</template>
<script>
    export default {
        name: "NowPlaying"
    }
</script>
```

正在热映组件在浏览器中运行后的效果如图 18-13 所示。

图 18-13　正在热映组件效果

3. 即将上映组件（ComingSoon）

即将上映组件和正在热映组件类似，也是由一个列表组成的，其核心代码如下：

```html
<template>
    <div class="movie_body">
        <ul>
            <li>
                <div class="pic_show"><img src="../../../public/images/007.png"
alt=""></div>
                <div class="info_list">
                    <h2>佐罗和麦克斯</h2>
                    <p><span class="person">46465</span>人想看</p>
                    <p>主演：格兰特·鲍尔 艾米·斯马特 博伊德·肯斯特纳</p>
                    <p>未来 30 天内上映</p>
                </div>
                <div class="btn_pre">
                    预售
                </div>
            </li>
            <li>
                <div class="pic_show"><img src="../../../public/images/008.png"
alt=""></div>
                <div class="info_list">
                    <h2>废材特工</h2>
                    <p><span class="person">64645</span>人想看</p>
                    <p>主演： 杰西·艾森伯格，克里斯汀·斯图尔特，约翰·雷吉扎莫</p>
                    <p>未来 30 天内上映</p>
                </div>
                <div class="btn_pre">
                    预售
                </div>
            </li>
            <li>
                <div class="pic_show"><img src="../../../public/images/009.png"
alt=""></div>
                <div class="info_list">
                    <h2>凤凰城遗忘录</h2>
                    <p><span class="person">42465</span>人想看</p>
                    <p>主演：Clint Jordan</p>
                    <p>未来 30 天内上映</p>
                </div>
                <div class="btn_pre">
                    预售
                </div>
            </li>
            <li>
                <div class="pic_show"><img src="../../../public/images/010.png"
alt=""></div>
                <div class="info_list">
                    <h2>新灰姑娘</h2>
                    <p><span class="person">46465</span>人想看</p>
                    <p>主演： Cassandra Morris, Kristen Day</p>
                    <p>未来 30 天内上映</p>
                </div>
                <div class="btn_pre">
                    预售
                </div>
            </li>
```

```
        <li>
            <div class="pic_show"><img src="../../../public/images/011.png"
alt=""></div>
            <div class="info_list">
                <h2>鲨卷风 4：四度觉醒</h2>
                <p><span class="person">38465</span>人想看</p>
                <p>主演：塔拉·雷德，Ian Ziering，Masiela Lusha</p>
                <p>未来 30 天内上映</p>
            </div>
            <div class="btn_pre">
                预售
            </div>
        </li>
        <li>
            <div class="pic_show"><img src="../../../public/images/012.png"
alt=""></div>
            <div class="info_list">
                <h2>全境警戒</h2>
                <p><span class="person">46465</span>人想看</p>
                <p>主演：戴夫·巴蒂斯塔，布兰特妮·斯诺，Angelic Zambrana</p>
                <p>未来 30 天内上映</p>
            </div>
            <div class="btn_pre">
                预售
            </div>
        </li>
    </ul>
    </div>
</template>
<script>
    export default {
        name: "ComingSoon"
    }
</script>
```

即将上映组件在浏览器中运行后的效果如图 18-14 所示。

图 18-14　即将上映组件效果

4. 搜索组件 (Search)

搜索组件的核心代码如下：

```
<template>
    <div class="search_body">
        <div class="search_input">
            <div class="search_input_wrapper">
                <i class="fa fa-search"></i>
                <input type="text">
            </div>
        </div>
        <div class="search_result">
            <h3>电影/电视剧/综艺</h3>
            <ul>
                <li>
                    <div class="img"><img src="../../../public/images/001.png"
alt=""></div>
                    <div class="info">
                        <p><span>机械师2 </span><span>8.9</span></p>
                        <p>剧情，喜剧，犯罪</p>
                        <p>2020-6-30</p>
                    </div>
                </li>
            </ul>
        </div>
    </div>
</template>
<script>
    export default {
        name: "Search"
    }
</script>
```

搜索组件在浏览器中运行后的效果如图 18-15 所示。

图 18-15　搜索组件效果

18.4.3　设计影院页面组件

影院页面只有一个组件，即影院列表组件 (CiList)，它也是由一个列表设计完成的，其核心代码如下：

```
<template>
    <div class="cinema_body">
```

```
<ul>
    <li>
        <div>
            <span>大地影院延庆金锣湾店</span>
            <span class="q"><span class="price"> 38.5</span> 元起</span>
        </div>
        <div class="address">
            <span>延庆区北街 39 号 H 座首层</span>
            <span> >100km </span>
        </div>
        <div class="card">
            <div>小吃</div>
            <div>折扣卡</div>
        </div>
    </li>
    <li>
        <div>
            <span>燕山影剧院</span>
            <span class="q"><span class="price"> 37.5</span> 元起</span>
        </div>
        <div class="address">
            <span>房山区燕山岗南路 3 号</span>
            <span> >120km</span>
        </div>
        <div class="card">
            <div>小吃</div>
            <div>折扣卡</div>
        </div>
    </li>
    <li>
        <div>
            <span>万达影城昌平保利光魔店</span>
            <span class="q"><span class="price"> 37.9</span> 元起</span>
        </div>
        <div class="address">
            <span>昌平区鼓楼南街佳莲时代广场四层</span>
            <span> >80km </span>
        </div>
        <div class="card">
            <div>小吃</div>
            <div>折扣卡</div>
        </div>
    </li>
    <li>
        <div>
            <span>门头沟影剧院</span>
            <span class="q"><span class="price"> 30.9</span> 元起</span>
        </div>
        <div class="address">
            <span>门头沟区新桥大街 12 号</span>
            <span> >110km </span>
        </div>
        <div class="card">
            <div>小吃</div>
            <div>折扣卡</div>
```

```
            </div>
        </li>
    </ul>
  </div>
</template>
<script>
    export default {
        name: "CiList"
    }
</script>
```

影院页面组件在浏览器中运行后的效果如图 18-16 所示。

图 18-16　影院页面组件效果

18.4.4　设计我的页面组件

我的页面只有一个登录/注册组件，这里只是一个简单的登录/注册表单，并没有实现前后端的交互。其核心代码如下：

```
<template>
    <div class="login_body">
        <div>
            <input class="login_text" type="text" placeholder="账号/手机号/邮箱">
        </div>
        <div>
            <input class="login_text" type="password" placeholder="请输入您的密码">
        </div>
        <div class="login_btn">
            <input type="submit" value="登录">
        </div>
        <div class="login_link">
            <a href="#">立即注册</a>
            <a href="#">找回密码</a>
        </div>
    </div>
```

```
        </template>

<script>
    export default {
        name: "Login"
    }
</script>
```

我的页面组件在浏览器中运行后的效果如图 18-17 所示。

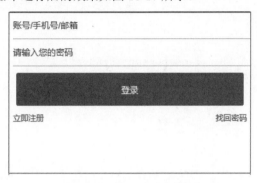

图 18-17　我的页面组件效果

18.5　设计项目页面组件及路由配置

前面已经介绍了组成电影页面、影院页面和我的页面所包含的所有组件，接下来组合它们。

18.5.1　电影页面组件及路由

电影页面（Movie）顶部有 4 个导航元素，对应前面定义的城市、正在热映、即将上映和搜索组件，并使用<router-link>标签进行导航切换。

```
<template>
    <div id="main">
        <!-- 头部组件-->
        <Header title="风云电影"></Header>
        <div id="content">
            <div class="movie_menu">
                <router-link tag="div" to="/movie/city" class="city_name">
                    <span>北京 </span><i class="fa fa-caret-down"></i>
                </router-link>
                <div class="hot_swtich">
                    <router-link tag="div" to="/movie/nowPlaying" class="hot_item
active">正在热映</router-link>
                    <router-link tag="div" to="/movie/comingSoon" class="hot_item">
即将上映</router-link>
                </div>
                <router-link tag="div" to="/movie/search" class="search_entry">
                    <i class="fa fa-search"></i>
                </router-link>
```

```
            </div>
            <!--二级路由渲染-->
            <keep-alive>
                <router-view></router-view>
            </keep-alive>

        </div>
        <!-- 尾部组件-->
        <TabBar></TabBar>
    </div>
</template>
<script>
    //引入组件
    import Header from '../../components/Header';
    import TabBar from '../../components/TabBar';
    export default {
        name:'Movie',
        components:{
            Header,
            TabBar
        }
    }
</script>
```

配置路由，代码如下：

```
// movie 路由
export default {
    path:'/movie',
    //按需载入的方式
    component:()=>import('../../views/Movie'),
    //二级路由，使用 children 进行配置
    children:[
        {
            path:'city',
            component:()=>import('../../components/City')
        },
        {
            path:'nowPlaying',
            component:()=>import('../../components/NowPlaying')
        },
        {
            path:'comingSoon',
            component:()=>import('../../components/ComingSoon')
        },
        {
            path:'search',
            component:()=>import('../../components/Search')
        },
        //重定向：当路径为/movie 时，重定向到/movie/nowPlaying 路径
        {
            path:'/movie',
            redirect:'/movie/nowPlaying'
        }
    ]
}
```

18.5.2　影院页面组件及路由

影院页面组件中直接引入头部组件、底部导航组件和影院列表组件，代码如下：

```
<template>
    <div id="main">
        <Header title="风云影院"></Header>
        <div id="content">
            <div class="cinema_menu">
                <div class="city_switch">
                    全城 <i class="fa fa-caret-down"></i>
                </div>
                <div class="city_switch">
                    品牌 <i class="fa fa-caret-down"></i>
                </div>
                <div class="city_switch">
                    特色 <i class="fa fa-caret-down"></i>
                </div>
            </div>
            <CiList></CiList>
        </div>
        <TabBar></TabBar>
    </div>
</template>
<script>
    import Header from '../../components/Header';
    import TabBar from '../../components/TabBar';
    import CiList from '../../components/CiList';
    export default {
        name:'Cinema',
        components:{
            Header,
            TabBar,
            CiList
        }
    }
</script>
```

路由配置如下：

```
// Cinema 路由
export default {
    path:'/cinema',
    component:()=>import('../../views/Cinema')
}
```

18.5.3　我的页面组件及路由

影院页面组件中直接引入头部组件、底部导航组件和影院列表组件，核心代码如下：

```
<template>
    <div id="main">
        <Header title="我的风云"></Header>
        <div id="content">
```

```
            <Login></Login>
        </div>
        <TabBar></TabBar>
    </div>
</template>
<script>
    import Header from '../../components/Header';
    import TabBar from '../../components/TabBar';
    import Login from '../../components/Login';
    export default {
        name:'Mine',
        components:{
            Header,
            TabBar,
            Login
        }
    }
</script>
<style scoped></style>
```

路由配置如下：

```
// mine 路由
export default {
    path:'/mine',
    component:()=>import('../../views/Mine')
}
```

至此，完成了电影购票 App 的前端开发工作。